高等职业教育"十四五"系列教材

Photoshop 图像处理与制作
（第 2 版）

主　编　林龙健　李观金　张倩文　黄龙泉

副主编　汪海涛　吴　嵘　孔　剑　万振杰　张毅恒

主　审　钱英军

中国水利水电出版社
www.waterpub.com.cn
·北京·

内 容 提 要

本书根据 UI 设计师岗位职业能力要求，结合 Photoshop 图像处理与制作知识体系，重构形成十个知识模块，具体包括 Photoshop 基础知识、选区、文本输入与编辑、图像、图层、通道与蒙版、路径、绘图和修图、滤镜、综合项目实战。

本书每个模块由"若干个任务+项目实训+习题+拓展训练"构成。其中，通过若干个任务的实现，让学生掌握知识点和技能点；通过项目实训，培养学生综合应用能力；通过习题、拓展训练两部分，巩固学生的知识、技术和技能。

本书以 Adobe Photoshop 2021 贯穿全书，每个模块的内容融入了新功能与应用，同时还与 Photoshop 相关的 1+X 职业技能等级证书考核标准、全国计算机等级考试一级 Photoshop 考试大纲等互融互通，为培养学生 UI 设计能力打下坚实基础。

图书在版编目（CIP）数据

Photoshop 图像处理与制作 / 林龙健等主编.
2 版. -- 北京：中国水利水电出版社, 2025. 1.
(高等职业教育"十四五"系列教材). -- ISBN 978-7
-5226-2528-7

Ⅰ. TP391.413

中国国家版本馆 CIP 数据核字第 20248PP717 号

策划编辑：陈红华　　责任编辑：张玉玲　　加工编辑：刘　瑜　　封面设计：苏　敏

书　　名	高等职业教育"十四五"系列教材 Photoshop 图像处理与制作（第 2 版） Photoshop TUXIANG CHULI YU ZHIZUO
作　　者	主　编　林龙健　李观金　张倩文　黄龙泉 副主编　汪海涛　吴　嵘　孔　剑　万振杰　张毅恒 主　审　钱英军
出版发行	中国水利水电出版社 （北京市海淀区玉渊潭南路 1 号 D 座　100038） 网址：www.waterpub.com.cn E-mail：mchannel@263.net（答疑） 　　　　sales@mwr.gov.cn 电话：（010）68545888（营销中心）、82562819（组稿）
经　　售	北京科水图书销售有限公司 电话：（010）68545874、63202643 全国各地新华书店和相关出版物销售网点
排　　版	北京万水电子信息有限公司
印　　刷	三河市德贤弘印务有限公司
规　　格	184mm×260mm　16 开本　17.5 印张　448 千字
版　　次	2018 年 3 月第 1 版　2018 年 3 月第 1 次印刷 2024 年 6 月第 2 版　2025 年 1 月第 2 次印刷
印　　数	2001—5000 册
定　　价	49.80 元

凡购买我社图书，如有缺页、倒页、脱页的，本社营销中心负责调换
版权所有·侵权必究

前　　言

Adobe Photoshop 因其强大的功能，已被广泛应用于平面设计、广告摄影、影像创意、网页设计、后期修饰、视觉创意、界面设计等领域，成为了全球公认的最负盛名、最出色的图像处理软件，深受广大 UI 设计爱好者的青睐。

"Photoshop 图像处理与制作"是一门实践性很强的技术入门课程，兼具设计性、实操性和应用性。本书的编写突出"岗课赛证"融合的特点，注重学生职业能力和职业素质的培养；内容编排上遵循"实用""够用"的原则，面向 UI 设计师等相关岗位职业能力要求，融入 Photoshop 相关的 1+X 职业技能等级证书标准、全国高等学校计算机水平考试 Photoshop 图像处理与制作模块及相关竞赛内容，以循序渐进的方式，将知识点和技能点嵌入任务实施和项目实训中，让学生快速掌握必备的专业知识、技术和技能，有助于学生考取相关的职业技能等级证书或计算机水平等级证书，帮助学生毕业后能顺利应聘相应的工作岗位。

本书与其他 Photoshop 图形图像处理书籍相比，具有以下几方面的特色。

1. 模块化内容组织，结构合理，易学易用

本书遵循学生成长成才规律和教育教学规律，从实际需求出发，根据知识体系将内容划分为模块，内容循序渐进，由浅入深。在编写方式上，充分利用步骤分解图、过程及最终效果图等大量的图片对知识点、技能点进行直观描述，图文并茂，有利于学生更好地理解、掌握所学内容。学生既可按照本书编排的模块顺序进行学习，也可以根据自身所掌握的知识情况进行针对性的学习。

2. "岗课赛证"融合，注重培养职业能力

本书根据 UI 设计师等相关岗位的职业能力要求，按照知识体系重构内容，并在内容中融入新技术、新工艺，同时与 Photoshop 相关的 1+X 职业技能等级证书考核标准、全国计算机等级考试一级 Photoshop 考试大纲等互融互通。学生通过完成模块中的任务和项目训练来学习相应的知识点和技能点，最终培养学生的职业能力。

3. "德技兼修"，注重提升综合职业素养

本书融入"课程思政"内容和党的二十大精神，培养学生树立正确的生态文明观和审美观，具有较强的法治意识、雷锋精神、民族精神，具有积极向上的拼搏精神和精益求精的工匠精神，具有强烈的社会责任感、乡村振兴服务意识和家国情怀，全面提升学生的综合职业素养。

4. 立体化资源丰富，随时随地学习

本书配有微课视频、教学设计、PPT 课件、素材、设计源文件、习题答案、拓展训练答案等丰富的立体化资源，同时引入微信"扫一扫"信息技术手段，方便学生随时随地学习。

5. 校校、校企联合编写，实用性强

本书编写团队的成员来自广东科贸职业学院、惠州经济职业技术学院、广东碧桂园职业

学院和广州粤嵌通信科技股份有限公司,他们均具有多年的教育教学经验和项目经验,教材的实用性非常强。

  由于编者水平有限,加之编写时间仓促,书中难免存在不当之处,恳请广大读者批评指正。

  感谢中国水利水电出版社为本书的编写给予大力支持!

编 者

2024 年 5 月

目　录

前言
- 模块一　Photoshop 基础知识 …………………… 1
  - 1.1　任务一　认识图像处理 ………………… 1
    - 1.1.1　位图与矢量图 ……………………… 1
    - 1.1.2　像素与分辨率 ……………………… 2
    - 1.1.3　图像的文件格式 …………………… 2
    - 1.1.4　颜色模型和色彩模式 ……………… 3
  - 1.2　任务二　认识 Adobe Photoshop 2021 …… 5
    - 1.2.1　Adobe Photoshop 2021 概述 ……… 5
    - 1.2.2　Adobe Photoshop 2021 的操作界面 … 6
  - 1.3　任务三　操作 Adobe Photoshop 2021 …… 9
    - 1.3.1　文档的创建、打开和存储 ………… 9
    - 1.3.2　Photoshop 的视图与辅助功能 …… 10
  - 1.4　项目实训 ………………………………… 13
    - 1.4.1　情境描述 …………………………… 13
    - 1.4.2　设计要求 …………………………… 14
    - 1.4.3　实现过程 …………………………… 14
  - 习题 ……………………………………………… 18
  - 拓展训练 ………………………………………… 20
- 模块二　选区 …………………………………… 21
  - 2.1　任务一　认识选区 ……………………… 22
  - 2.2　任务二　创建选区 ……………………… 23
    - 2.2.1　创建规则选区 ……………………… 23
    - 2.2.2　创建不规则选区 …………………… 27
    - 2.2.3　使用命令创建随意选区 …………… 29
    - 2.2.4　使用快速蒙版模式创建选区 ……… 31
  - 2.3　任务三　管理、编辑选区 ……………… 32
    - 2.3.1　移动选区 …………………………… 32
    - 2.3.2　变换选区 …………………………… 33
    - 2.3.3　修改选区 …………………………… 34
    - 2.3.4　边界选区 …………………………… 35
    - 2.3.5　平滑选区 …………………………… 36
    - 2.3.6　扩展/收缩选区 …………………… 38
    - 2.3.7　羽化选区 …………………………… 39
    - 2.3.8　选择并遮住 ………………………… 39
    - 2.3.9　选区的运算 ………………………… 42
    - 2.3.10　选区的保存和载入 ……………… 43
  - 2.4　任务四　应用选区 ……………………… 44
    - 2.4.1　移动选区内的图像 ………………… 44
    - 2.4.2　清除选区内的图像 ………………… 44
    - 2.4.3　描边选区 …………………………… 45
    - 2.4.4　定义图案 …………………………… 46
    - 2.4.5　填充选区 …………………………… 47
  - 2.5　项目实训 ………………………………… 50
    - 2.5.1　情境描述 …………………………… 50
    - 2.5.2　设计要求 …………………………… 50
    - 2.5.3　实现过程 …………………………… 50
  - 习题 ……………………………………………… 53
  - 拓展训练 ………………………………………… 55
- 模块三　文本输入与编辑 ……………………… 56
  - 3.1　任务一　输入文字 ……………………… 57
    - 3.1.1　文字工具 …………………………… 57
    - 3.1.2　输入点文字 ………………………… 57
    - 3.1.3　输入段落文字 ……………………… 59
    - 3.1.4　输入路径文字 ……………………… 61
    - 3.1.5　创建选区文字 ……………………… 63
  - 3.2　任务二　编辑文字 ……………………… 66
    - 3.2.1　文字属性 …………………………… 66
    - 3.2.2　创建变形文字 ……………………… 67
    - 3.2.3　将文字转换为路径 ………………… 70
    - 3.2.4　栅格化文字图层 …………………… 74
  - 3.3　项目实训 ………………………………… 76
    - 3.3.1　情境描述 …………………………… 76
    - 3.3.2　设计要求 …………………………… 76
    - 3.3.3　实现过程 …………………………… 76

習題 77
拓展訓練 78

模块四 图像 80
4.1 任务一 认识图像色彩处理 81
- 4.1.1 拾色器 81
- 4.1.2 "颜色"面板 81
- 4.1.3 "色板"面板 82
- 4.1.4 吸管工具 82

4.2 任务二 裁剪和变换图像 83
- 4.2.1 认识裁剪工具 83
- 4.2.2 图像的裁剪 84
- 4.2.3 图像的裁切 84
- 4.2.4 图像的自由变换 85
- 4.2.5 图像的变形 87
- 4.2.6 改变图像的大小 89

4.3 任务三 应用图像的色彩调整 90
- 4.3.1 图像色彩调整命令 90
- 4.3.2 通道混合器 94
- 4.3.3 曲线 95
- 4.3.4 去色 96
- 4.3.5 色阶 96
- 4.3.6 色彩平衡 97
- 4.3.7 色相/饱和度 98
- 4.3.8 亮度/对比度 99
- 4.3.9 替换颜色 100
- 4.3.10 认识直方图 101
- 4.3.11 阈值 102

4.4 项目实训 103
- 4.4.1 情境描述 103
- 4.4.2 设计要求 104
- 4.4.3 实现过程 104

习题 105
拓展训练 106

模块五 图层 107
5.1 任务一 认识图层 108
- 5.1.1 图层的含义 108
- 5.1.2 图层的分类 108
- 5.1.3 "图层"面板 108
- 5.1.4 选择图层的方法 109

5.2 任务二 操作图层 109
- 5.2.1 创建新图层 109
- 5.2.2 调整图层的叠放顺序 110
- 5.2.3 复制图层 111
- 5.2.4 显示和隐藏图层 112
- 5.2.5 合并图层 113
- 5.2.6 对齐和分布图层 114
- 5.2.7 删除图层 114

5.3 任务三 编辑图层 115
- 5.3.1 锁定图层 115
- 5.3.2 智能对象 116
- 5.3.3 填充图层 117
- 5.3.4 图层编组 119

5.4 任务四 应用图层的混合模式 120
5.5 任务五 应用图层样式 122
- 5.5.1 图层样式简介 122
- 5.5.2 图层样式的应用 123

5.6 项目实训 125
- 5.6.1 情境描述 125
- 5.6.2 设计要求 126
- 5.6.3 实现过程 126

习题 130
拓展训练 132

模块六 通道与蒙版 134
6.1 任务一 认识和应用通道 135
- 6.1.1 通道简介 135
- 6.1.2 通道的简单操作 136
- 6.1.3 通道的分类及应用 138

6.2 任务二 认识和应用蒙版 142
- 6.2.1 蒙版简介 142
- 6.2.2 蒙版的分类及应用 143

6.3 项目实训 148
- 6.3.1 情境描述 148
- 6.3.2 设计要求 148
- 6.3.3 实现过程 148

习题 151
拓展训练 152

模块七　路径 ················· 155
7.1　任务一　认识路径 ············ 156
7.2　任务二　认识和应用路径工具 ······ 156
7.2.1　钢笔工具 ················ 156
7.2.2　自由钢笔工具 ············· 157
7.2.3　添加锚点工具 ············· 159
7.2.4　删除锚点工具 ············· 160
7.2.5　转换点工具 ··············· 161
7.3　任务三　操作路径 ············ 162
7.3.1　认识路径面板 ············· 162
7.3.2　建立路径 ················ 162
7.3.3　存储路径 ················ 163
7.3.4　将路径转换为选区 ········· 163
7.3.5　将选区转换为路径 ········· 164
7.3.6　描边路径 ················ 164
7.3.7　填充路径 ················ 165
7.4　项目实训 ··················· 165
7.4.1　情境描述 ················ 165
7.4.2　设计要求 ················ 166
7.4.3　实现过程 ················ 166
习题 ·························· 169
拓展训练 ······················· 171

模块八　绘图和修图 ············ 172
8.1　任务一　应用画笔工具和铅笔工具 ··· 173
8.1.1　画笔工具 ················ 173
8.1.2　铅笔工具 ················ 175
8.2　任务二　应用橡皮擦工具组 ······ 177
8.2.1　橡皮擦工具 ················ 177
8.2.2　背景橡皮擦工具 ············· 179
8.2.3　魔术橡皮擦工具 ············· 180
8.3　任务三　应用图章工具 ········· 181
8.3.1　仿制图章工具 ············· 181
8.3.2　图案图章工具 ············· 182
8.4　任务四　应用修饰工具 ········· 183
8.4.1　修复画笔工具 ············· 183
8.4.2　污点修复画笔工具 ········· 185
8.4.3　修补工具 ················ 185
8.4.4　红眼工具 ················ 187

8.5　任务五　应用编辑工具 ········· 188
8.5.1　模糊工具 ················ 188
8.5.2　锐化工具 ················ 189
8.5.3　涂抹工具 ················ 190
8.5.4　减淡、加深与海绵工具 ······ 191
8.6　任务六　应用色彩填充工具 ······ 194
8.6.1　油漆桶工具 ··············· 194
8.6.2　渐变工具 ················ 196
8.7　项目实训 ··················· 198
8.7.1　情境描述 ················ 198
8.7.2　设计要求 ················ 198
8.7.3　实现过程 ················ 198
习题 ·························· 200
拓展训练 ······················· 201

模块九　滤镜 ··················· 203
9.1　任务一　认识滤镜 ············ 204
9.1.1　滤镜的分类 ··············· 204
9.1.2　滤镜的使用方法和技巧 ······ 204
9.2　任务二　应用智能滤镜 ········· 204
9.3　任务三　应用特殊滤镜 ········· 206
9.3.1　滤镜库 ···················· 206
9.3.2　"液化"滤镜 ·············· 207
9.3.3　"消失点"滤镜 ············ 209
9.3.4　"镜头校正"滤镜 ·········· 212
9.4　任务四　应用滤镜效果 ········· 213
9.4.1　"风格化"滤镜组 ·········· 213
9.4.2　"画笔描边"滤镜组 ········ 214
9.4.3　"模糊"滤镜组 ············ 216
9.4.4　"扭曲"滤镜组 ············ 218
9.4.5　"锐化"滤镜组 ············ 224
9.4.6　"像素化"滤镜组 ·········· 226
9.4.7　"渲染"滤镜组 ············ 229
9.5　项目实训 ··················· 233
9.5.1　情境描述 ················ 233
9.5.2　设计要求 ················ 233
9.5.3　实现过程 ················ 233
习题 ·························· 236
拓展训练 ······················· 238

模块十　综合项目实战 …………………… 239
　10.1　制作公益海报 ……………………… 239
　10.2　制作汽车电商海报 ………………… 243
　10.3　制作网站首页 ……………………… 247
附录一　全国计算机信息高新技术考试
　　　　图形图像处理（Photoshop 平台）
　　　　图像制作员级考试考试大纲 ………… 260

附录二　全国计算机信息高新技术考试
　　　　图形图像处理（Photoshop 平台）
　　　　高级图像制作员级考试考试大纲 ……… 262
附录三　全国高等学校计算机水平考试Ⅱ级
　　　　"Photoshop 图像处理与制作"考试
　　　　大纲及样题（试行）………………… 264
参考文献 ……………………………………… 270

模块一　Photoshop 基础知识

知识目标：

- 了解图像处理的基础知识。
- 了解 Adobe Photoshop 2021 的新增功能。
- 熟悉 Adobe Photoshop 2021 的操作界面并掌握其基本操作。

能力目标：

- 能够利用 Adobe Photoshop 2021 对图像文件进行基本的操作。
- 能够利用 Adobe Photoshop 2021 进行初步应用。

素质目标（含"课程思政"目标）：

- 增强学生积极探索、勇于创新的科学精神。
- 培养学生尊重自然、热爱自然、保护自然的生态文明理念。
- 提升学生的艺术素养。

知识导图：

```
                          ┌─ 位图与矢量图
                          ├─ 像素与分辨率
              ┌─ 认识图像处理 ─┤
              │           ├─ 图像的文件格式
              │           └─ 颜色模型和色彩模式
              │
Photoshop基础知识 ─┤               ┌─ Adobe Photoshop 2021概述
              ├─ 认识Adobe Photoshop 2021 ─┤
              │               └─ Adobe Photoshop 2021 的操作界面
              │
              │                    ┌─ 文档的创建、打开和存储
              └─ 操作Adobe Photoshop 2021 ─┤
                                   └─ Photoshop的视图与辅助功能
```

1.1　任务一　认识图像处理

1.1.1　位图与矢量图

计算机中的图像按信息的表示方式可分为位图和矢量图两种。通常所讲的图像指的是位图（也称点阵图），图形指的是矢量图。

1. 位图

位图（Bitmap）也称点阵图，是由很多个像素（色块）组成的图像。位图的每个像素点都含有位置和颜色信息，一幅位图图像是由成千上万个像素点组成的。位图图形细腻、颜色过渡缓和、层次丰富，Photoshop 软件生成的图像一般都是位图。

位图的清晰度与像素点的数目有关，单位面积内像素点的数目越多，则图像越清晰；对于高分辨率的彩色图像，用位图存储所需的储存空间较大；位图放大后会出现马赛克，整幅图像会变得模糊。

位图（点阵图）的文件格式有很多，如 BMP、PCX、GIF、JPG、TIF 等。

2. 矢量图

矢量图（Vector Graphic）又称向量图，是由线条和节点组成的图像。无论放大多少倍，图形仍能保持原来的清晰度，无马赛克现象且色彩不失真。矢量图比较适用于编辑边界轮廓清晰、色彩较为单纯的色块或文字，例如由 Illustrator、PageMaker、FreeHand、CorelDRAW 等绘图软件创建的图形都是矢量图。

矢量图的文件大小与图像大小无关，只与图像的复杂程度有关，因此简单图像所占的存储空间小；矢量图可无损缩放，不会产生锯齿或模糊。

常用的矢量图的文件格式有 CDR、AI、DWG、SVG、DXF、WMF、ICO 等。

1.1.2　像素与分辨率

1. 像素

像素（Pixel）是构成位图图像的最小单位。每一个像素具有位置和颜色信息，位图中的每一个小色块就是一个像素。像素只是分辨率的尺寸单位，而不是画质。

2. 分辨率

分辨率（Resolution）是单位长度内的点、像素的数量。例如分辨率为 300×300ppi，即表示水平方向与垂直方向上每英寸长度上的像素数都是 300，也可表示为一平方英寸（约等于 $0.645×10^{-3}$ 平方米）内有 9 万（300×300）像素。其中，ppi 全称为 pixels per inch，指像素/英寸。分辨率的高低直接影响位图图像的效果，太低会导致图像粗糙，在排版打印时图片会变得非常模糊；而使用较高的分辨率则会增加文件的占用空间，并降低图像的打印速度。

1.1.3　图像的文件格式

图像文件格式是记录和存储影像信息的格式。对数字图像进行存储、处理、传播，必须采用一定的图像文件格式，也就是把图像的像素按照一定的方式进行组织和存储，把图像数据存储成文件就得到图像文件。图像文件格式决定了应该在文件中存放何种类型的信息，文件如何与各种应用软件兼容，文件如何与其他文件交换数据。Photoshop 支持的图像文件格式有很多，用户应根据图像的用途决定图像保存为何种格式。下面主要介绍 Photoshop 中常用的文件格式。

1. PSD 和 PDD 格式

PSD、PDD 是 Photoshop 的专用文件格式，可保存层、通道、路径等信息，文件比较大。因此，Photoshop 能以比其他格式更快的速度打开和存储它们。尽管 Photoshop 在计算过程中可以应用压缩技术，但用这两种格式存储的图像文件仍然特别大。不过，用这种格式存储图像不会造成任何的数据流失，因此，当在编辑图像时，最好还是选择这两种格式存储，以后再转换成占用磁盘空间较小、储存质量较好的其他文件格式。

2. BMP 格式

BMP 格式是微软公司绘图软件的专用格式，文件扩展名为.bmp、.rle 和.dib，是 Photoshop 最常用的位图格式之一，支持 RGB、索引、灰度和位图等色彩模式，但不支持 Alpha 通道。

3. Photoshop EPS 格式（*.eps）

Photoshop EPS 是被向量绘图软件和排版软件所广泛接受的格式，可保存路径，并在各软件间进行相互转换。若用户要将图像置入 CorelDRAW、Illustrator、PageMaker 等软件，则可将图像存储成 Photoshop EPS 格式，但它不支持 Alpha 通道。

4. Photoshop DCS 格式（*.eps）

Photoshop DCS 格式是标准 EPS 文件格式的一种特殊格式，支持 Alpha 通道。

5. JPEG 格式（*.jpg）

JPEG 格式是一种压缩效率很高的存储格式，也是一种有损压缩方式，支持 CMYK、RGB 和灰度等色彩模式，但不支持 Alpha 通道。JPEG 格式也是目前网络可以支持的图像文件格式之一。

6. TIFF 格式（*.tif）

TIFF 格式是为 Macintosh 开发的最常用的图像文件格式。它既能用于 MAC，又能用于 PC，是一种灵活的位图图像格式。TIFF 在 Photoshop 中可支持 24 个通道，是除 Photoshop 自身格式外唯一能存储多个通道的格式。TIFF 格式基于桌面出版，采用无损压缩。

7. AI 格式

AI 格式是 Illustrator 的源文件格式。在 Photoshop 软件中可以将保存了路径的图像文件输出为 AI 格式，然后在 Illustrator 和 CorelDRAW 软件中直接打开并对其进行修改处理。

8. GIF 格式

GIF 格式是由 CompuServe 公司制定的图像文件格式，只能处理 256 种色彩；常用于网络传输，传输速度要比传输其他格式的文件快很多，并且可以将多幅图像保存为一个文件而形成动画效果。

9. PDF 格式

PDF 格式是 Adobe 公司推出的、专为网上出版而制定的 Acrobat 的源文件格式，不支持 Alpha 通道。在采用 PDF 格式存储图像文件前，必须将图片的模式转换为位图、灰度、索引等颜色模式，否则无法存储。

10. PNG 格式

PNG 格式是 Netscape 公司针对网络图像开发的文件格式。这种格式可以使用无损压缩方式压缩图像文件，并利用 Alpha 通道制作透明背景，是功能非常强大的网络文件格式，但较早版本的 Web 浏览器可能不支持该格式。

1.1.4 颜色模型和色彩模式

1. 颜色模型

颜色模型是表现颜色的一种数学算法，它是指某个三维颜色空间中的一个可见光子集，包含某个色彩域的所有色彩。一般而言，任何一个色彩域都只是可见光的子集，任何一个颜色模型都无法包含所有的可见光。常见的颜色模型有 RGB 模型、CMYK 模型、Lab 模型和 HSB 模型等。

（1）RGB 模型：用红（Red）、绿（Green）、蓝（Blue）三色光的不同比例和强度的混合来表示。

三种原色中的任意两种颜色相互重叠，就会产生间色；三种原色相互混合形成白色，所以又称其加色法三原色。

（2）CMYK 模型：称减色模型，它是以打印在纸上的油墨的光线吸收特性为基础的，该模型通常应用在打印机上。CMYK 的 4 个字母分别指青（Cyan）、洋红（Megenta）、黄（Yellow）和黑（Black），在印刷中代表四种颜色的油墨。在实际的应用中，通过不同颜色的油墨混合产生不同的颜色效果。

（3）Lab 模型：根据国际照明委员会（International Commission on illumination，CIE）在 1931 年制定的一种测定颜色的国际标准建立的，于 1976 年被改进并命名的一种色彩模式。

Lab 颜色与设备无关，无论何种设备都能生成一致的颜色。

Lab 颜色由亮度分量（L）和两个色度分量即 a 分量（从绿到红）和 b 分量（从蓝到黄）组成，具有最宽的色域。

（4）HSB 模型：所有颜色都用 Hue（色相或色调）、Satruation（饱和度）、Brightness（亮度）这三个特性来描述。色相：物体反射或透射的光的波长（物体的颜色）。饱和度：颜色的强度或纯度。亮度：颜色的相对明暗程度。

2. 色彩模式

色彩模式是图像色彩的形成方式。主要有以下几种。

（1）RGB 模式：该模式下图像是由红（R）、绿（G）、蓝（B）三种基色按 0～255 的亮度值混合构成的，大多数显示器均采用此种色彩模式。三种基色的亮度值若相等则产生灰色；若都为 255 则产生纯白色；若都为 0 则产生纯黑色。

（2）CMYK（印刷四色）模式：该模式下图像是由青（C）、洋红（M）、黄（Y）、黑（K）四种颜色构成，主要用于彩色印刷。在制作印刷文件时，最好将该文件保存为 TIFF 格式或 EPS 格式，这些都是印刷上支持的文件格式。

（3）Lab（标准色）模式：该模式是 Photoshop 的标准色彩模式，也是不同颜色模式之间转换时使用的中间模式。它的特点是在不同的显示器或打印设备所显示的颜色都是相同的。

（4）灰度模式：该模式下图像由具有 256 级灰度的黑白颜色构成。一幅灰度图像在转变成 CMYK 模式的图像后可以增加色彩；如果将 CMYK 模式的彩色图像转变为灰度模式的图像，则颜色不能恢复。

（5）位图模式：该模式下图像由黑白两色组成，图形不能使用编辑工具，只有灰度模式才能转变成位图模式。

（6）索引模式：该模式又称图像映射色彩模式，这种模式的像素只有 8 位，即图像只有 256 种颜色，是网络和动画中常用的图像模式。

（7）双色调模式：该模式采用 2～4 种彩色油墨混合其色阶来创建双色调（两种颜色）、三色调（三种颜色）、四色调（四种颜色），主要用于减少印刷成本。

（8）多通道模式：若图像只使用了 1～3 种颜色，使用该模式可减少印刷成本并保证图像颜色的正确输出。

（9）8 位/通道和 16 位/通道模式：8 位/通道中包含 256 个灰阶，16 位/通道包含 65535 个灰阶。在灰度、RGB 或 CMYK 模式下可用 16 位/通道代替 8 位/通道。16 位/通道模式的图像不能被打印，且有的滤镜不能用。

3. 色彩模式的转换

灰度模式是位图/双色调模式和其他模式相互转换的中介模式。只有灰度模式和 RGB 模式的图像可以转换为索引模式。Lab 模式的色域最宽，包括 RGB 和 CMYK 色域中的所有颜色。Photoshop 是以 Lab 模式作为内部转换模式的。多通道模式可通过转换颜色模式和删除原有图像的颜色通道得到。

1.2　任务二　认识 Adobe Photoshop 2021

1.2.1　Adobe Photoshop 2021 概述

2020 年 10 月 19 日，Adobe 更新发布了 Adobe 2021 产品，其中 Photoshop 已经更新到 Photoshop 2021 版本，其启动界面如图 1-1 所示。

Adobe Photoshop 2021 更新了许多实用的功能，包括 Neural Gallery 滤镜、天空替换及增强型云文档等，这些功能可以让设计者的工作更加高效和智能，以下对 Adobe Photoshop 2021 新增的功能进行简要的介绍。

图 1-1　Adobe Photoshop 2021 启动界面

1. Neural Gallery 滤镜

Neural Gallery 滤镜是 Adobe Photoshop 2021 版本的一个全新功能集，它是人工智能与神经过滤器结合所形成的新滤镜，它可以让用户通过 AI 驱动的工具来探索无限创意，并能够让用户在短短几秒钟内对图像进行惊人的复杂调整。例如,通过"皮肤平滑度"滤镜调整并移除皮肤的瑕疵和痘痕;通过"样式转换"功能设置源图像的外观或视觉风格;通过"智能肖像"滤镜生成新的元素(表情、头发、面部年龄、姿势细节)来对肖像进行创造性调整;通过"妆容迁移"滤镜将眼部和嘴部的类似风格从一幅图像应用到另一幅图像;通过"深度感知雾化"滤镜向环境周围添加薄雾及调整环境周围的暖色效果;通过"着色"滤镜对黑白照片重新着色;通过"超级绽放"滤镜放大并裁切图像,再通过添加细节以补偿损失的分辨率;通过"移除JPEG 伪影"滤镜移除压缩 JPEG 所产生的伪影。

2. 天空替换

在日常生活中,拍照成了人们记录生活点点滴滴的最常用方式,但有时,因天气不如预期,拍出来的照片中的天空不理想,就要靠后期复杂的处理。但 Adobe Photoshop 2021 被推出以后,利用该版本的"天空替换"功能就可以快速选择和替换照片中的天空,并自动调整风景颜色以匹配新的天空,这是 Adobe Photoshop 2021 的一大亮点。

3. 新的"发现"面板

新的"发现"面板将学习内容、分步教程和新的强大搜索功能集于一处,为学习者带来了全新的学习和搜索体验。学习者可以搜索和发现新的 Photoshop 工具、实操教程、文章和快速操作,以帮助其提升学习水平并应对 Photoshop 中的新挑战。

4. 增强型云文档

Adobe Photoshop 2021 集成了云文档功能,通过该功能可以在应用程序内轻松管理 Photoshop 云文档版本,使用新的"版本历史记录"面板,可以访问以前保存的 Photoshop 云文档版本。

5. 图案预览

Adobe Photoshop 2021 的"图案预览"功能是一项非常实用的功能,通过该功能可以快速可视化并无缝创建重复图案。

6. 其他增强功能

AdobePhotoshop 2021 还具有其他增强功能,如实时形状、重置智能对象、增效工具使用、预设搜索、内容感知描摹工具、选择并遮住、内容识别填充方面的改进、支持新型相机和镜头等。

1.2.2 Adobe Photoshop 2021 的操作界面

安装完 Adobe Photoshop 2021 后,首次启动 Photoshop,将会进入如图 1-2 所示的引导界面,如果启动前已使用 Adobe Photoshop 2021 打开过图像,将会在"拖放图像"区域显示最近打开的图像记录信息,如图 1-3 所示。

Adobe Photoshop 2021 的操作界面

如果需要使用 Photoshop 打开一张图片,在其引导界面上单击"打开"按钮,然后在弹出的"打开"对话框中选择图片文件,再单击该对话框中的"打开"按钮即可打开图片文件。

如果需要新建一个 Photoshop 文档,在引导界面上单击"新建"按钮,此时会弹出"新建文档"对话框,在该对话框中,Adobe Photoshop 2021 已根据照片、打印、图稿和插图、Web、移动设备、胶片和视频等六个类别预设了空白文档的样式,读者可根据实际需要选择合适的预设空白文档样式来创建文档。以下选择"默认 Photoshop 大小"来创建文档,如图 1-4 和图 1-5 所示。

图 1-2　启动 Adobe Photoshop 2021 引导界面 1

图 1-3　启动 Adobe Photoshop 2021 引导界面 2

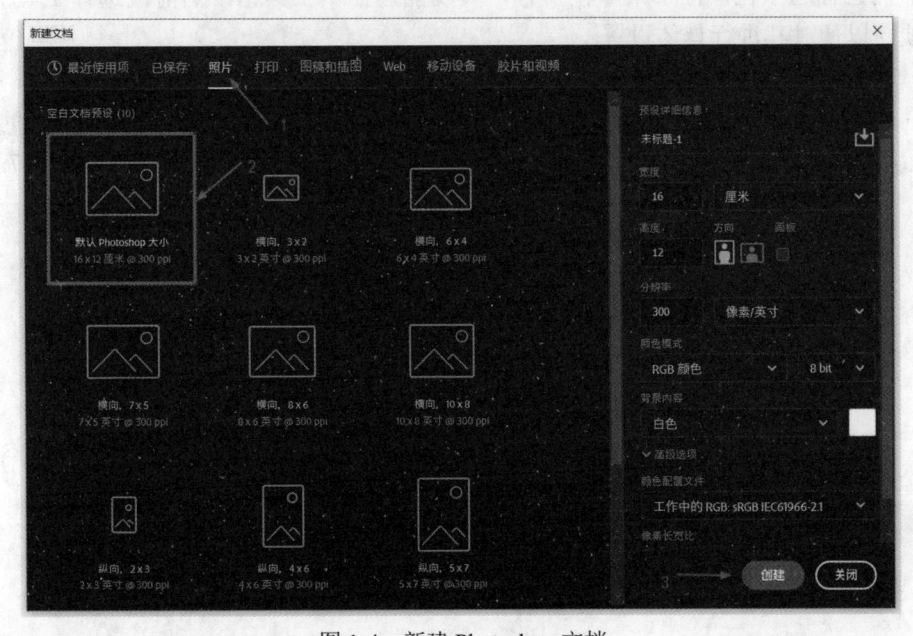

图 1-4　新建 Photoshop 文档

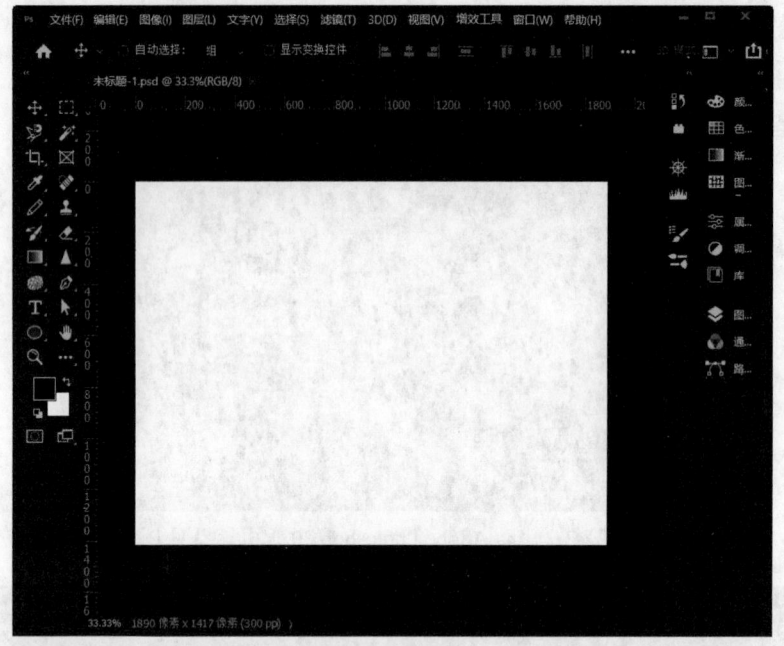

图 1-5 Adobe Photoshop 2021 的主界面

以下简要介绍 Adobe Photoshop 2021 主界面的布局。

1. 菜单栏

菜单栏位于 Adobe Photoshop 2021 主界面的最上方，包含了用于图像处理的各类命令，共有 12 个菜单（文件、编辑、图像、图层、文字、选择、滤镜、3D、视图、增效工具、窗口、帮助），每个菜单下又有若干个子菜单，选择子菜单中的命令可以执行相应的操作。

2. 属性栏

属性栏也称选项栏，位于菜单栏下方，其功能是显示工具栏中当前被选择工具的相关参数和选项，以便对其进行具体设置。

3. 工具栏

工具栏的默认位置位于 Adobe Photoshop 2021 主界面左侧，通过单击工具栏上部的双箭头，可以使工具的排列方式在单列和双列间进行转换。工具栏的工具组成如图 1-6 和图 1-7 所示。

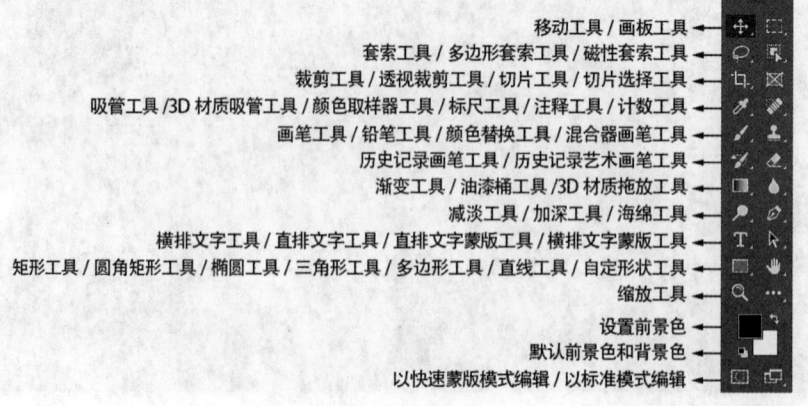

移动工具 / 画板工具
套索工具 / 多边形套索工具 / 磁性套索工具
裁剪工具 / 透视裁剪工具 / 切片工具 / 切片选择工具
吸管工具 /3D 材质吸管工具 / 颜色取样器工具 / 标尺工具 / 注释工具 / 计数工具
画笔工具 / 铅笔工具 / 颜色替换工具 / 混合器画笔工具
历史记录画笔工具 / 历史记录艺术画笔工具
渐变工具 / 油漆桶工具 /3D 材质拖放工具
减淡工具 / 加深工具 / 海绵工具
横排文字工具 / 直排文字工具 / 直排文字蒙版工具 / 横排文字蒙版工具
矩形工具 / 圆角矩形工具 / 椭圆工具 / 三角形工具 / 多边形工具 / 直线工具 / 自定形状工具
缩放工具
设置前景色
默认前景色和背景色
以快速蒙版模式编辑 / 以标准模式编辑

图 1-6 工具栏 1

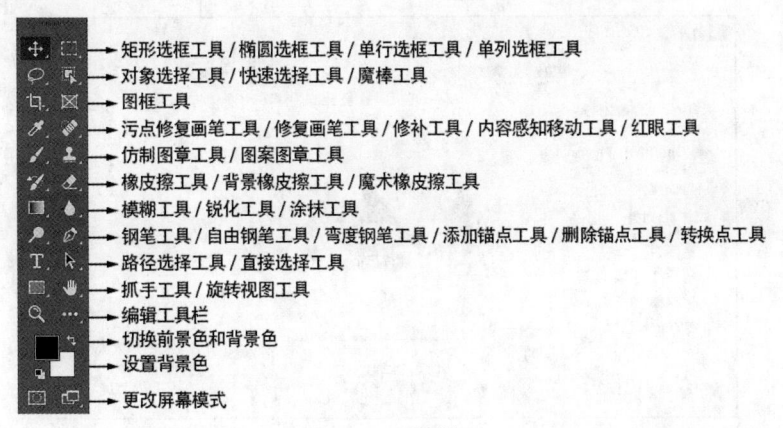

工具栏内容：
- 矩形选框工具 / 椭圆选框工具 / 单行选框工具 / 单列选框工具
- 对象选择工具 / 快速选择工具 / 魔棒工具
- 图框工具
- 污点修复画笔工具 / 修复画笔工具 / 修补工具 / 内容感知移动工具 / 红眼工具
- 仿制图章工具 / 图案图章工具
- 橡皮擦工具 / 背景橡皮擦工具 / 魔术橡皮擦工具
- 模糊工具 / 锐化工具 / 涂抹工具
- 钢笔工具 / 自由钢笔工具 / 弯度钢笔工具 / 添加锚点工具 / 删除锚点工具 / 转换点工具
- 路径选择工具 / 直接选择工具
- 抓手工具 / 旋转视图工具
- 编辑工具栏
- 切换前景色和背景色
- 设置背景色
- 更改屏幕模式

图 1-7　工具栏 2

4. 标题栏

标题栏位于属性栏下方，显示了文档名称、文件格式、窗口缩放比例和颜色模式等信息。

5. 图像窗口

图像窗口中显示了所打开的图像文件。

6. 状态栏

状态栏位于 Adobe Photoshop 2021 主界面或图像窗口最下方，显示当前图像的状态及操作命令的相关提示信息。

7. 面板区

面板区的默认位置位于 Adobe Photoshop 2021 主界面右侧，主要用于存放 Photoshop 提供的功能面板。

1.3　任务三　操作 Adobe Photoshop 2021

1.3.1　文档的创建、打开和存储

1. 文档的创建

启动 Adobe Photoshop 2021 软件，在引导界面上执行菜单栏的"文件"→"新建"命令（或者用组合键 Ctrl+N）或单击引导界面左侧的"新建"按钮，然后在弹出的"新建文档"对话框中选择空白文档的预设项，接着单击该对话框中的"创建"按钮后即可创建一个新文档。

2. 文档的打开

启动 Adobe Photoshop 2021 软件，在引导界面上执行菜单栏的"文件"→"打开"命令（或者用组合键 Ctrl+O）或单击引导界面左侧的"打开"按钮，在弹出的"打开"对话框中选择要打开的图片，单击"打开"按钮。"打开"对话框如图 1-8 所示。

3. 文档的存储

执行菜单栏的"文件"→"存储为"命令（或者用组合键 Shift+Ctrl+S），在弹出的"另存为"对话框中设置文件保存的路径、名称和类型，单击"保存"按钮。"另存为"对话框如图 1-9 所示。

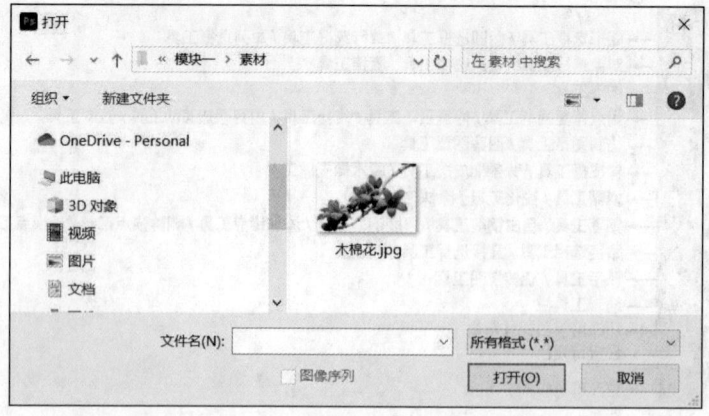

图 1-8 "打开"对话框

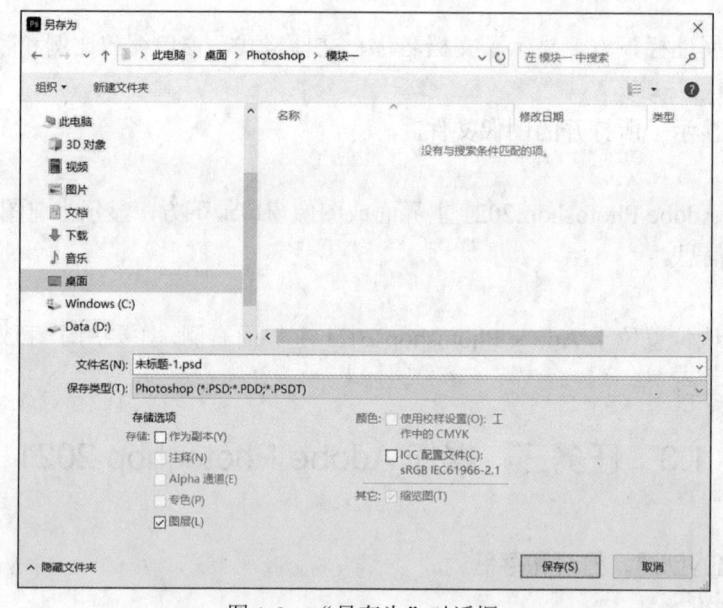

图 1-9 "另存为"对话框

1.3.2 Photoshop 的视图与辅助功能

1. 屏幕模式

Adobe Photoshop 2021 的屏幕模式有三种：标准屏幕模式、带有菜单栏的全屏模式和全屏模式（在该模式下隐藏菜单，使用鼠标滑过边线时显示相应的内容，按 F 键或 Esc 键时返回标准屏幕模式）。设置屏幕模式如图 1-10 所示，也可以通过工具栏中的"更改屏幕模式"进行设置，如图 1-11 所示。

Photoshop 的视图与辅助功能

2. "导航器"面板

Photoshop 中的导航器，一般都是结合图片的放大或缩小来使用的。执行菜单栏中的"窗口"→"导航器"命令，打开"导航器"面板，如图 1-12 所示。在"导航器"面板下方可设置图片的缩放比例，在"导航器"面板的中间可预览整张图片，而红色的选框显示的是呈现在画布中的范围。

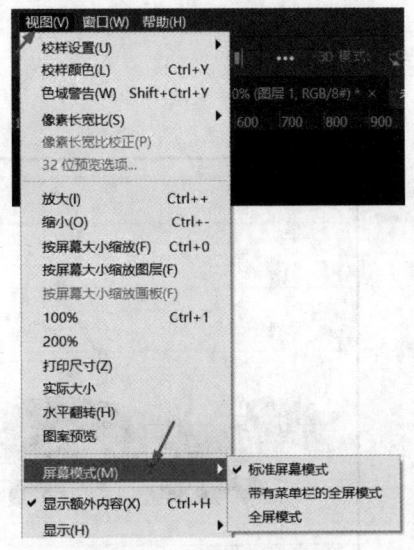

图 1-10　设置屏幕模式　　　　　　图 1-11　通过工具栏更改屏幕模式

图 1-12　"导航器"面板

3. 标尺、网格与参考线

（1）标尺。在 Photoshop 中，处理图像和绘制图像时，可以使用标尺精确定位图形，特别是一些手工制作的图形部分。执行菜单栏的"视图"→"标尺"命令，可以打开标尺（或者利用组合键 Ctrl+R），如图 1-13 所示。

打开标尺后，可以看到标尺的原点，通常位于(0,0)，可以调节标尺的原点位置，将光标放到标尺交汇的位置，用鼠标拖动即可。

（2）网格。在 Photoshop 中，用户可以利用网格，相当于在坐标纸上进行绘图。通常情况下，先将图形放大到合适的尺寸，再使用网格启动的方法。执行菜单栏的"视图"→"显示"→"网格"命令，可以打开网格（或者利用组合键 Ctrl+'），如图 1-14 所示。

图 1-13 打开标尺

图 1-14 打开网格的效果

（3）参考线。在 Photoshop 中，可以在指定的位置建立相应的参考线，作为坐标，这样可以进一步进行精确的作图。

在菜单栏执行"视图"→"新建参考线"命令，在弹出的"新建参考线"对话框中选择取向和输入位置坐标即可。"新建参考线"对话框及其效果分别如图 1-15 和图 1-16 所示。

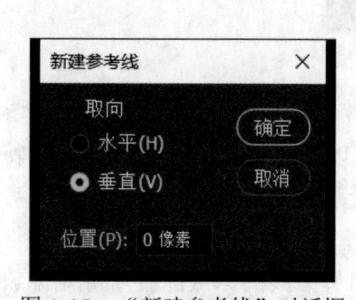

图 1-15 "新建参考线"对话框

图 1-16 新建参考线的效果

如果想锁定或取消锁定参考线，可执行菜单栏中的"视图"→"锁定参考线"命令（或者利用组合键 Alt+Ctrl+;）。

如果不想使用参考线，可以一次性清除所有添加的参考线，方法：在菜单栏中执行"视图"→"清除参考线"命令。

锁定/清除参考线的菜单命令如图 1-17 所示。

图 1-17　锁定/清除参考线的菜单命令

1.4　项目实训

1.4.1　情境描述

习近平总书记一直十分重视生态文明建设,他曾指出"生态文明建设是关系中华民族永续发展的根本大计。中华民族向来尊重自然、热爱自然,绵延五千多年的中华文明孕育着丰富的生态文化。生态兴则文明兴,生态衰则文明衰",党的十八大以来他多次对生态文明建设作出重要指示,"绿水青山就是金山银山"。2022 年 10 月 16 日,习近平总书记在党的二十大报告中指出:必须牢固树立和践行绿水青山就是金山银山的理念,站在人与自然和谐共生的高度谋划发展。

为贯彻落实党的二十大精神,传播生态文明理念,某电子商务公司想要在其电商网站的"生态产品"版块插入一张"绿水青山就是金山银山"的宣传图片,图片效果如图 1-18 所示。作为一名电商广告设计人员,请你为公司完成该设计任务。

图 1-18 宣传图片的效果

1.4.2 设计要求

根据"情境描述"的内容，利用目录"素材/模块一"下提供的素材设计一个宣传"绿水青山就是金山银山"理念的图片作品。

1.4.3 实现过程

步骤 1：启动 Adobe Photoshop 2021 软件后，打开目录"素材/模块一"下的图片"1.jpg"，如图 1-19 所示。

图 1-19 打开的素材图片效果

步骤 2：使用 Adobe Photoshop 2021 新增功能——"天空替换"实现图片中天空的更换。
（1）在面板区的"图层"面板中，取消"背景"图层的锁定状态，如图 1-20 所示，此时，图层的名称将会变为"图层0"。

（2）在菜单栏中执行"编辑"→"天空替换"命令，此时会弹出"天空替换"对话框，如图1-21所示。

图1-20　取消"背景"图层的锁定状态

图1-21　"天空替换"对话框

（3）按照图1-22所示的顺序进行单击操作，操作完后会弹出"打开"对话框，此时选择目录"素材/模块一"下的图片"2.jpg"作为新建天空的图片，如图1-23所示。

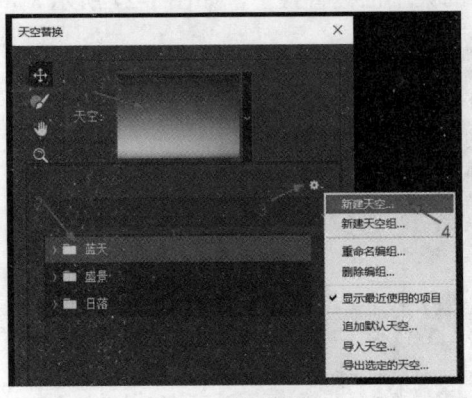

图1-22　新建天空

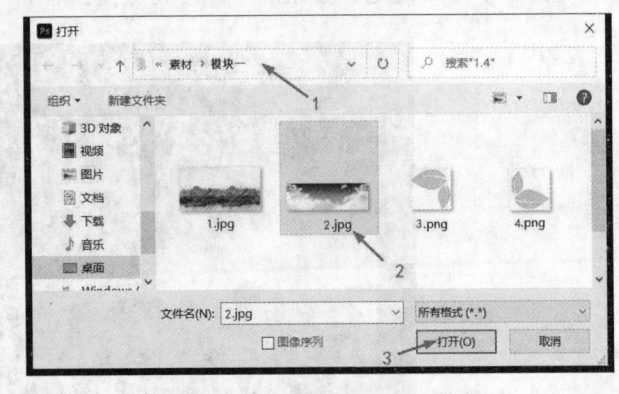

图1-23　选择新建天空的图片

（4）选择好新建天空的图片后，单击"打开"按钮，此时将会弹出"天空名称"对称框，给创建的天空命名为"自定义天空1"，如图1-24所示，单击"确定"按钮即完成添加自定义天空操作，此时在天空列表中将会显示自定义天空图片，如图1-25所示。

图 1-24 给创建的天空命名

步骤 3：应用自定义的天空。

（1）在"天空替换"对话框中，选中名称为"自定义天空 1"的图片，如图 1-26 所示。

图 1-25 成功自定义天空

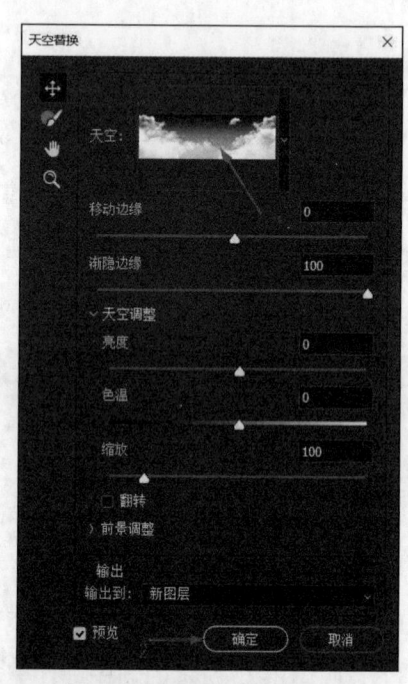

图 1-26 应用自定义的天空

（2）单击"确定"按钮后，此时将会看到图片中的天空已被替换了，如图 1-27 所示。

图 1-27 替换天空后的效果

（3）在"图层"面板中增加了"天空替换组"，如图1-28所示。

步骤4：添加文字。

单击工具栏的文字工具，选择"横排文字工具"，如图1-29所示，分别添加以下三个部分的文字，并设置相关属性。

图1-28　"图层"面板中增加的"天空替换组"　　　图1-29　选择"横排文字工具"

"绿水青山"：字体样式为华文琥珀；字体大小为50像素；字体颜色为#14f00f。

"就是"：字体样式为华文隶书；字体大小为39像素；字体颜色为#14f00f。

"金山银山"：字体样式为华文琥珀；字体大小为50像素；字体"金山"的颜色为#f3f525，字体"银山"的颜色为#eff4f2。

上述文字添加完成后，根据效果图调整文字的位置，如图1-30所示。

图1-30　添加文字后的效果

步骤5：导入叶子图片。

在菜单栏中选择"文件"→"置入嵌入对象"，分别导入目录"素材/模块一"下的两张叶子图片"3.png"和"4.png"，调整叶子的位置后的效果如图1-31所示。

图 1-31 导入叶子图片后的效果

步骤 6：导入飞鸟图片。

在菜单栏中选择"文字"→"置入嵌入对象"，分别导入目录"素材/模块一"下的飞鸟图片"5.png"，调整飞鸟的位置后的效果如图 1-32 所示，此时便创作了一张绿水青山图。

图 1-32 创作的最终效果图

习　　题

一、选择题

1. 分辨率是指（　　）。
   A．单位长度上分布的像素个数
   B．单位面积上分布的像素个数
   C．整幅图像上分布的像素总数
   D．当前图层上分布的像素个数
2. 图像分辨率的单位是（　　）。
   A．dpi　　　　　　B．ppi　　　　　　C．lpi　　　　　　D．pixel

3. Photoshop 默认的保存格式是（　　）
   A．PSD   B．JPG
   C．GIF   D．PNG
4. RGB 模式是一种（　　）。
   A．屏幕显示模式   B．光色显示模式
   C．印刷模式   D．油墨模式
5. 当制作标志的时候，大多将其存成矢量图，这是因为（　　）。
   A．矢量图的颜色多，做出来的标志漂亮
   B．矢量图无论是放大还是缩小其边缘都是平滑的，而且效果一样清晰
   C．矢量图的分辨率高，图像质量好
   D．矢量文件的兼容性好，可以在多个平台间使用，并且大多数软件都可以对它进行编辑
6. 下列（　　）是 Photoshop 图像最基本的组成单元。
   A．节点   B．色彩空间
   C．像素   D．路径
7. CMYK 模式是一种（　　）。
   A．屏幕显示模式   B．光色显示模式
   C．印刷模式   D．油墨模式
8. 在 Photoshop 图像文件的（　　）可以添加文字注释和语音注释。
   A．任何位置   B．必须在有透明区域的位置
   C．必须在有像素的位置 D．必须在有选区的位置
9. 以下属于 Adobe Photoshop 2021 新增功能的是（　　）。
   A．天空替换   B．Neural Gallery 滤镜
   B．图案预览   C．新的"发现"面板
10. 要清除图像，可以在菜单栏执行"编辑"→"清除"命令，或者按（　　）键。
    A．Backspace   B．Delete
    C．Insert   D．Enter

二、判断题

1. 位图的基本组成单元是锚点和路径。　　　　　　　　　　　　　　　　（　　）
2. 计算机中的图像主要分为两大类，即矢量图和位图，而 Photoshop 中绘制的是矢量图。
   　　　　　　　　　　　　　　　　　　　　　　　　　　　　　　　　（　　）
3. Photoshop 中像素图的图像分辨率是指单位长度上的像素数量。　　　（　　）
4. 如果一幅图像所包含的像素是固定的，那么增加图像尺寸后，图像的分辨率会降低。
   　　　　　　　　　　　　　　　　　　　　　　　　　　　　　　　　（　　）
5. PSD 格式是 Photoshop 的固有格式。　　　　　　　　　　　　　　　（　　）
6. 在 Photoshop 中，按住 Ctrl 键的同时双击空白区域可以弹出"新建"对话框。（　　）
7. 将图像图标拖曳至 Photoshop 软件图标上可打开该文件。　　　　　　（　　）
8. 在 Photoshop 中按 Shift+Tab 组合键可以隐藏工具栏和控制面板。　　（　　）

三、思考题

1. 什么是位图？什么是矢量图？两者有何区别？
2. Photoshop 中常见的色彩模式有哪些？
3. Photoshop 中常用的文件存储格式有哪些？
4. Adobe Photoshop CC 和 Adobe Photoshop CS 有哪些区别？

拓 展 训 练

任务一：习近平总书记的"两山"理念，充分体现了马克思主义的辩证观点，系统剖析了经济与生态在演进过程中的相互关系，深刻揭示了经济社会发展的基本规律。请搜集整理"绿水青山就是金山银山"相关材料，弄清其来龙去脉，形成专题文档，并使用 Photoshop 制作相关作品，感兴趣的同学还可以设计制作手抄报。

任务二：请根据"1.4.1 情境描述"设计制作一个图片作品，具体说明如下。

（1）自行寻找素材进行设计制作。
（2）作品应体现"1.4.1 情境描述"的中心思想，紧扣主题。
（3）作品布局合理、色彩搭配得当。
（4）作品细节处理到位，做到精益求精。
（5）作品完成后，认真撰写作品设计文档，并与作品源文件一起提交。

模块二 选 区

学习目标

知识目标：

- 了解选区的基本概念。
- 掌握创建选区的方法与步骤。
- 掌握选区管理与编辑的方法及步骤。
- 了解《中华人民共和国民法典》（以下简称《民法典》）的基本内容、时代特色和重大意义。

能力目标：

- 能够根据应用的需求创建选区。
- 能够熟练管理与编辑选区。
- 能够应用选区知识与技能进行图形处理与制作。

素质目标（含"课程思政"目标）：

- 养成认真细心的工作态度和精益求精的工匠精神。
- 培养多角度分析问题的思维方法。
- 增强学生的法律意识，提升学生的法治素养。
- 提升学生的审美素养。

知识导图：

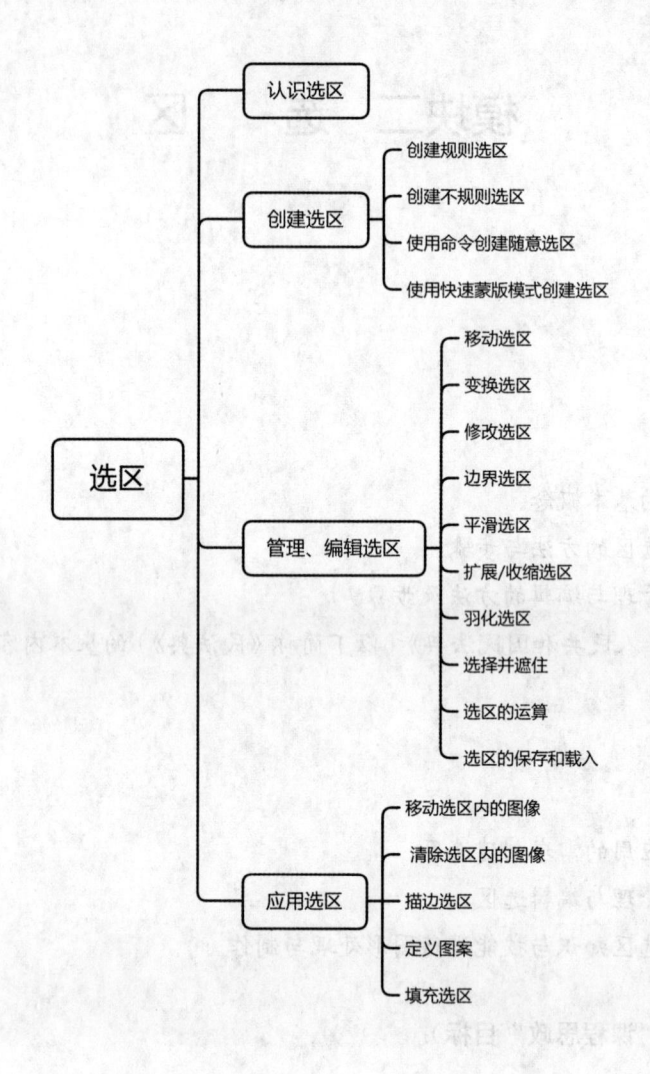

```
                    ┌─ 认识选区
                    │
                    │                ┌─ 创建规则选区
                    │                ├─ 创建不规则选区
                    ├─ 创建选区 ─────┤
                    │                ├─ 使用命令创建随意选区
                    │                └─ 使用快速蒙版模式创建选区
                    │
                    │                ┌─ 移动选区
                    │                ├─ 变换选区
                    │                ├─ 修改选区
                    │                ├─ 边界选区
         选区 ──────┤                ├─ 平滑选区
                    ├─ 管理、编辑选区┤
                    │                ├─ 扩展/收缩选区
                    │                ├─ 羽化选区
                    │                ├─ 选择并遮住
                    │                ├─ 选区的运算
                    │                └─ 选区的保存和载入
                    │
                    │                ┌─ 移动选区内的图像
                    │                ├─ 清除选区内的图像
                    └─ 应用选区 ─────┼─ 描边选区
                                     ├─ 定义图案
                                     └─ 填充选区
```

2.1 任务一 认识选区

认识选区

在图层处理的过程中，通常需要选择特定区域进行相关的操作，这个被选择的特定区域就称为选区，它是以蚁行线的形态存在的。

选区的主要作用就是用来限制操作范围，不同的应用场景对选区的范围、精度及采用的选取方法也不一样，因此，如何精确、快捷地获取选区也是衡量 Photoshop 图像处理水平的一个重要指标。

选区是进行图像处理的第一步，也是最重要的一步，没有正确的选区就没有后面的各种操作和处理。创建选区的方法有很多，例如可以使用套索工具、选框工具、选择工具、魔棒工具及色彩选择命令等创建选区，另外，还可以结合羽化、路径、通道等的使用来创建和存储选区。

选区工具分为规则选区选框工具和不规则选区选框工具。规则选区选框工具包括矩形选框工具、椭圆选框工具、单行选框工具和单列选框工具。不规则选区选框工具包括套索工具、多边形套索工具、磁性套索工具、快速选择工具和魔棒工具。无论采用哪种方法创建的选区，都可以使用快捷键 Ctrl+D 取消该选区。

2.2 任务二 创建选区

2.2.1 创建规则选区

要创建规则选区，可以使用规则选区选框工具，如图 2-1 所示。

图 2-1 规则选区选框工具

1. 矩形选框工具

矩形选框工具是 Photoshop 默认的规则选区选框工具，在操作过程中可以根据不同的需求来选取不同的选框工具。矩形选框工具的快捷键为 M 或 Shift+M，利用矩形选框工具，可以创建一个矩形选区。矩形选框工具属性栏如图 2-2 所示。

图 2-2 矩形选框工具属性栏

（1）选区范围运算。

新选区：单击"新选区"按钮 后，可以在图层上创建新的选区。

添加到选区：单击"添加到选区"按钮 ，可以在原有选区的基础上添加新的选区，即两个选区的并集。

从选区减去：单击"从选区减去"按钮 ，可以在原有选区的基础上减去新的选区，即两个选区的差集。

与选区交叉："与选区交叉"按钮 ，可以选中原有选区与新增加的选区重叠的部分。

（2）羽化设置。羽化即通过建立选区和选区周围像素之间的转换边界来模糊边缘，从而达到选区与周围融合的效果。在应用羽化效果时，通常在创建选区前设置羽化半径的值，否则将不起作用。

如果创建好选区后再设置羽化，可以在菜单栏中执行"选择"→"修改"→"羽化"命令或使用快捷键 Shift+F6 来调出"羽化选区"对话框，如图 2-3 所示，在该对话框中输入羽化半径的值，即可使选区边缘产生虚化效果，羽化半径的取值范围为 0～250 像素，具体数值需根据实际情况来确定。

图 2-3 "羽化选区"对话框

（3）消除锯齿设置。消除锯齿在复制、剪切和粘贴选区以创建复合图像时非常有用，它是通过软化选区边缘像素与背景像素之间的颜色转换来实现边缘平滑效果。"消除锯齿"通常用于套索工具、多边形套索工具、磁性套索工具、椭圆选框工具、魔棒工具等，在使用这些工具之前，应先设置"消除锯齿"，否则在建立了选区后再设置将会不起作用。

（4）样式设置。矩形选框工具的样式属性主要用来辅助选区的创建，有正常、固定比例和固定大小三个属性值，以下为各属性值的作用介绍。

正常：选用此属性值可以任意拖拉鼠标来确定选区的形状和大小。

固定比例：可以设定选区范围的高和宽的比例，默认的比例是 1:1。

固定大小：可以通过输入选区范围的宽和高来精确设定选区大小。

【操作实例】使用矩形选框工具创建图像选区。

步骤 1：打开目录"素材/模块二"下的国家宪法日图片"1.jpg"。

步骤 2：使用矩形选框工具创建如图 2-4 所示的矩形选区。

图 2-4 创建矩形选区

2. 椭圆选框工具

椭圆选框工具是 Photoshop 软件中的一种规则选区选框工具，在图像中利用该工具可以创建出椭圆或圆选区。椭圆选框工具属性栏如图 2-5 所示。其与矩形选框工具相同的属性此处不再做介绍。

椭圆选框工具

图 2-5 椭圆选框工具属性栏

选中矩形选框工具或椭圆选框工具后，按住鼠标左键的同时再按住 Shift 键拖曳鼠标，可以创建正方形或圆形选区，完成操作时要先松开鼠标再松开 Shift 键；若要以单击的点为选框的中心，则在开始拖曳鼠标后再按住 Alt 键，完成操作时也是先松开鼠标再松开 Alt 键。

【操作实例】使用椭圆选框工具创建图像选区。

步骤1：打开目录"素材/模块二"下的花朵图片"2.jpg"。

步骤2：选择椭圆选框工具，然后按住鼠标左键在图像上拉出一个椭圆选区，如图2-6所示。如果要创建一个圆形选区，在绘制过程中按住 Shift 键即可，如图2-7所示。成功创建选区后，如果按住 Ctrl 键拖动选区，则可以移动选区内的图像，如图2-8所示；如果按住 Ctrl+Alt 键拖动选区，则可以将选区内的图像进行复制，如图2-9所示。

图2-6　创建椭圆选区　　　　　　　图2-7　创建圆形选区

图2-8　移动选区内的图像　　　　　图2-9　复制选区内的图像

3. 单行选框工具和单列选框工具

单行选框工具和单列选框工具的作用是选取图像中一个像素高的横条或一个像素宽的竖条，使用时只需要在创建的地方单击即可，这两个工具无快捷键。

单行选框工具和单列选框工具

【操作实例】使用单行选框工具和单列选框工具创建如图2-10所示的图像效果。

图2-10　效果图

步骤 1：创建一个宽为 280 像素、高为 280 像素的文件。

步骤 2：在菜单栏中选择"文件"→"置入嵌入对象"，置入"素材/模块二"目录下的水晶球图片"3.png"。

步骤 3：在"图层"面板中新建图层"图层 1"，如图 2-11 所示。

步骤 4：在菜单栏中执行"视图"→"显示"→"网格"命令，此时图像界面如图 2-12 所示。

图 2-11　新建图层　　　　　　　　图 2-12　显示网格

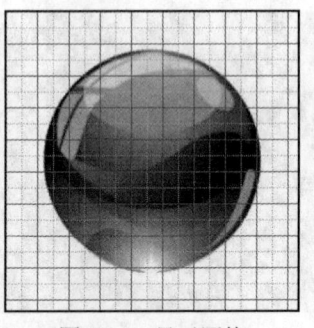

步骤 5：选择"单行选框工具"，单击属性栏的"添加到选区"按钮，然后根据网格创建行选区，如图 2-13 所示，接着按照相同的方法创建列选区，如图 2-14 所示。

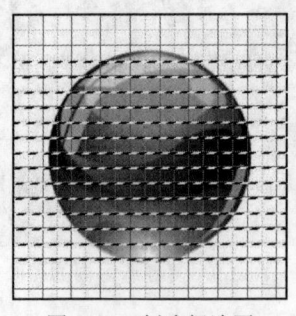

图 2-13　创建行选区　　　　　　　　图 2-14　创建列选区

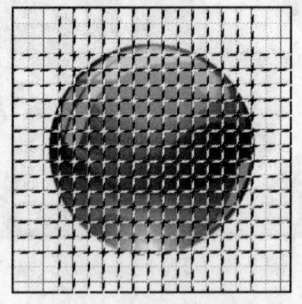

步骤 6：使用 Ctrl+Delete 快捷键给选区填充背景色，然后使用 Ctrl+D 快捷键取消选区，并设置不显示网格，此时图像的效果如图 2-15 所示，接着按照图 2-16 设置图层不透明度和填充后即可得到图 2-10 所示的效果。

图 2-15　给选区填充背景色的效果　　　　图 2-16　设置图层不透明度和填充的参数

2.2.2 创建不规则选区

在图像处理的过程中，通常需要创建一个任意形状的选区（即不规则选区），那么，有什么方法可以创建不规则选区呢？以下通过一个项目创作实践来为读者介绍如何使用套索工具、多边形套索工具、磁性套索工具、快速选择工具、魔棒工具创建不规则选区。

1. 使用套索工具创建不规则选区

使用套索工具可以自由绘制出形状不规则的选区。

【操作实例】使用套索工具创建不规则选区，抠取法槌图片。

步骤1：打开目录"素材/模块二"下的法槌图片"4.jpg"。

步骤2：在工具栏中选取"套索工具"，按住鼠标左键在所要操作的图像范围上进行拖曳并形成闭合选区，如图2-17所示。

使用套索工具创建
不规则选区

图2-17 使用套索工具创建不规则选区

2. 使用多边形套索工具创建不规则选区

使用多边形套索工具可以绘制直线型的多边形选区。在绘制选区的过程中，要删掉刚才绘制的直线线段，可以按Delete键删除。如果需要选择的图像轮廓是由直线和曲线组合而成的，那么在选择图像轮廓的过程中，可以按Alt键实现套索工具和多边形套索工具之间的切换。

使用多边形套索工具
创建不规则选区

【操作实例】使用多边形套索工具创建不规则选区，抠取《民法典》书籍图片。

步骤1：打开目录"素材/模块二"下的《民法典》书籍图片"5.jpg"。

步骤2：在工具栏中选择"多边形套索工具"，沿着所要抠取的图像边缘单击创建如图2-18所示的选区。

图2-18 使用多边形套索工具创建不规则选区

3. 使用磁性套索工具创建不规则选区

【操作实例】使用磁性套索工具创建不规则选区，抠取玫瑰花图片。

磁性套索工具能够以颜色的差异来自动识别对象的边界，特别适用于快速选择与背景对比强烈且边缘复杂的对象；在拖动过程中，如果出现误差，则可以按 Ctrl+Delete 快捷键返回上一步。

步骤 1：打开目录"素材/模块二"下的玫瑰花图片"6.jpg"。

步骤 2：在工具栏中选择"磁性套索工具"，在所要选取图像的边缘单击创建起点，然后沿着图像边缘拖动直到起点位置，此时单击便形成了一个闭合的选区，如图 2-19 所示。

图 2-19　使用磁性套索工具创建不规则选区

4. 使用快速选择工具创建不规则选区

快速选择工具类似于笔刷，并且能够通过调整圆形笔尖的大小来绘制选区。在图像中单击并拖动鼠标即可绘制选区，这是一种基于色彩差别但又是用画笔智能查找主体边缘的新颖方法。

【操作实例】使用快速选择工具创建不规则选区，抠取红色飘带。

步骤 1：打开目录"素材/模块二"下的红色飘带图片"7.jpg"。

步骤 2：在工具栏中选取"快速选择工具"，如图 2-20 所示。

步骤 3：根据实际调整画笔的大小，如图 2-21 所示。

图 2-20　选取快速选择工具　　　　图 2-21　调整画笔的大小

步骤 4：在所要操作的图像上按住鼠标左键进行拖动，最终得到如图 2-22 所示的选区。

图 2-22 使用快速选择工具选取的选区

5. 使用魔棒工具创建不规则选区

魔棒工具是 Photoshop 中提供的一种比较快捷的抠图工具，对于一些分界线比较明显的图像，通过魔棒工具可以快速地将图像抠出来。

【操作实例】使用魔棒工具创建不规则选区，抠取水杯图片。

步骤 1：打开目录"素材/模块二"下的水杯图片"8.jpg"。

步骤 2：在工具栏中选择"魔棒工具"，并在属性栏中设置适当的容差值，如图 2-23 所示。需要注意的是，容差小则选择的色彩范围就比较小，容差大则选择的色彩范围就比较大，

图 2-23 在魔棒工具属性栏中输入容差值

步骤 3：单击进行选取，按住 Shift 键的同时单击可以添加选区，按住 Alt 键的同时单击可以减去新选区，最终的选区效果如图 2-24 所示。

图 2-24 选取的选区

2.2.3 使用命令创建随意选区

在 Photoshop 中，复杂不规则选区指的是随意性很强。不局限在几何形状内的选区，它可以是任意创建的，也可以是通过计算机得到的单个或多个选区。

"色彩范围"命令是一个利用图像中的颜色变化关系来创建选区的命令，此命令可以根

据选取色彩的相似程度，在图像中提取出相似的色彩区域从而生成选区。

【操作实例】使用"色彩范围"命令创建随意选区。

步骤 1：打开目录"素材/模块二"下的企鹅图片"9.jpg"。

步骤 2：在菜单栏选择"选择"→"色彩范围"，如图 2-25 所示，接着在图像上单击取样颜色，在弹出的"色彩范围"对话框中设置颜色容差值为 95，然后单击"确定"按钮就可以获得选区了，如图 2-26 和图 2-27 所示。

图 2-25　选择色彩范围

图 2-26　获取色彩选区

图 2-27　获取色彩选区的效果

步骤 3：设置前景色（颜色值为#e1e814），如图 2-28 所示。

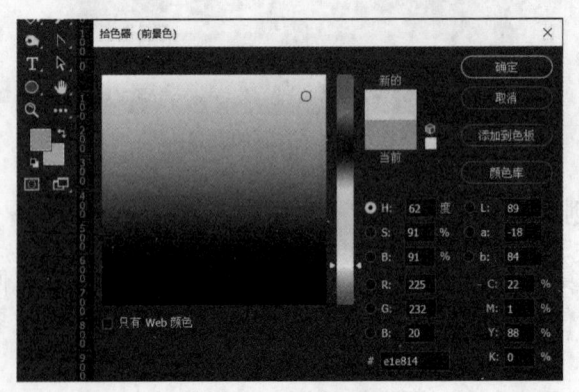

图 2-28　设置前景色

步骤 4：使用 Alt+Delete 快捷键填充选区，得到如图 2-29 所示的最终效果图。

图 2-29　最终效果图

2.2.4　使用快速蒙版模式创建选区

使用快速蒙版模式创建选区

Photoshop 的快速蒙版应用较为广泛，它是一个编辑选区的临时环境，可以辅助用户创建选区，其快捷键是 Q。

快速蒙版操作只会生成相应的选区，不会影响图像效果。在使用快捷键 Q 添加快速蒙版时，前、背景颜色会恢复到默认的黑白状态，同时在"通道"面板中生成一个快速通道。用画笔或橡皮擦工具等涂抹、擦除的时候，会留下一些红色透明的区域，这些区域就是我们需要的选区部分。再使用快捷键 Q 的时候，会把涂抹的部位变成反选的选区。

【操作实例】使用快速蒙版模式创建选区。
步骤 1：打开目录"素材/模块二"下的法制宣传日图片"10.jpg"。
步骤 2：在工具栏中选择"以快速蒙版模式编辑"（或按快捷键 Q），如图 2-30 所示。
步骤 3：在工具栏中选择"画笔工具"，如图 2-31 所示。

图 2-30　选择"以快速蒙版模式编辑"　　　图 2-31　选择"画笔工具"

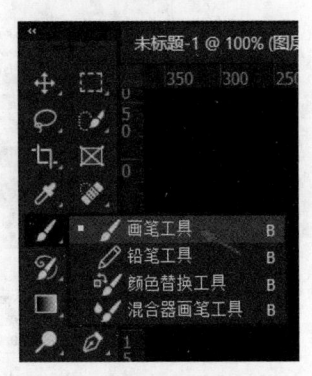

步骤 4：在图像的书本和法槌之外的区域进行涂抹，如图 2-32 所示。
步骤 5：按快捷键 Q 得到选区，然后按快捷键 Shift+Ctrl+I 反选选区，最终得到如图 2-33 所示的选区。

图 2-32　涂抹书本和法槌之外的区域 　　　　　图 2-33　选区效果图

2.3　任务三　管理、编辑选区

管理、编辑选区的操作主要包括移动选区、变换选区、修改选区、边界选区、平滑选区、扩展/收缩选区、羽化选区、选择并遮住、选区的运算、选区的保存和载入等。

2.3.1　移动选区

"移动选区"是图像处理中常用的操作方法，适当地对选区的位置进行调整，可以使图像更加符合设置的需求。

移动选区

【操作实例】利用移动选区调整选区的位置。

步骤1：打开目录"素材/模块二"下的知识产权日图片"11.jpg"。

步骤2：使用矩形选框工具在图像上创建矩形选区，如图2-34所示。

图 2-34　创建矩形选区

步骤3：在选区工具或选框工具被选中的状态下，单击属性栏上的"新选区"按钮，如图2-35所示。需要注意的是，选区范围运算必须在新选区下进行，否则通过移动工具移动选区时，选区所选中的内容也会被一起移动，如图2-36所示。

图 2-35 单击"新选区"按钮选择新选区

图 2-36 移动选区（含选中内容）效果

步骤 4：将光标移入选区范围，拖动鼠标即可移动选区，如图 2-37 所示。

图 2-37 移动选区后的效果

2.3.2 变换选区

"变换选区"命令是管理选区的常用操作之一，利用该命令可以直接调整选区的大小、形状、位置和角度等，且不破坏选区内的图像。

变换选区

【操作实例】利用"变换选区"命令对选区进行调整。
步骤 1：打开目录"素材/模块二"下的荷花图片"12.jpg"。
步骤 2：在所要操作的图像上创建选区，如图 2-38 所示。
步骤 3：在属性栏上单击"从选区减去"按钮，然后在已创建的选区上面绘制椭圆选区，交叉部分的选区将会被减去，如图 2-39 所示。

图 2-38　创建椭圆选区　　　　　　　　图 2-39　减去选区

步骤 4：右击，在弹出的快捷菜单中选择"变换选区"，如图 2-40 所示。

图 2-40　选择变换选区

步骤 5：再次右击，在弹出的快捷菜单中选择"逆时针旋转 90 度"，此时选区的效果如图 2-41 所示。如果想反选选区，可以在菜单栏中执行"选择"→"反向"命令，或者使用快捷键 Shift+Ctrl+I 进行操作。

图 2-41　变换选区后的效果

修改选区

2.3.3　修改选区

在实际应用中，通常需要修改选区，如扩展选区、收缩选区、平滑选区等。

【操作实例】利用"色彩范围"命令修改选区。

步骤 1：打开目录"素材/模块二"下的绿叶与花图片"13.jpg"。

步骤 2：在工具栏中选择"套索工具"，在所需操作的图像上创建选区，如图 2-42 所示。

步骤 3：在菜单栏单击"选择"→"色彩范围"，此时，鼠标指针移至图像区域时将会变成吸管工具的图标，然后在选区的花朵上单击取样颜色，并在弹出的"色彩范围"对话框中设置颜色容差值为 129，如图 2-43 所示。

图 2-42　使用套索工具创建选区

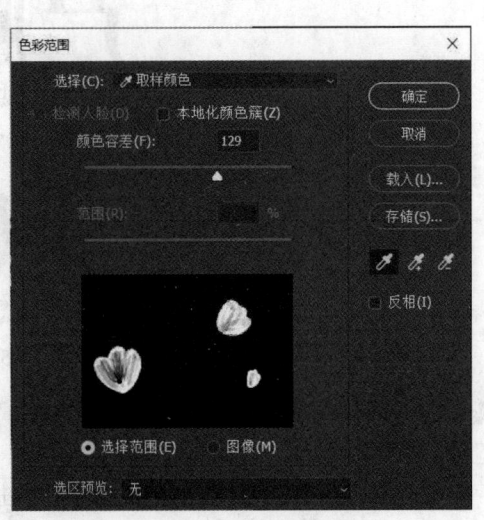

图 2-43　设置色彩范围

步骤 4：完成色彩范围的调整后，单击"确定"按钮，此时便会看到选区中的三朵花被选中了，如图 2-44 所示。

图 2-44　选区效果图

2.3.4　边界选区

"边界"命令能够将选区的边界沿当前选区范围向内部收缩或向外部扩展，从而形成一个新的选区，利用该命令可以方便制作图像边缘效果，如边缘过渡、描边、边框等。

【操作实例】利用"边界"命令实现边界选区。

步骤 1：打开目录"素材/模块二"下的知识产权日图片"14.jpg"。

步骤2：在所需操作的图像上创建选区，如图2-45所示。

图2-45　创建选区

步骤3：在菜单栏中"选择"→"修改"→"边界"，在弹出的"边界选区"对话框中设置宽度为10像素。

步骤4：边界选区宽度设置完成后，单击"确定"按钮得到如图2-46所示的边界选区。

图2-46　边界选区

2.3.5　平滑选区

使用"平滑"命令，可以使选区的尖角平滑，并消除锯齿。

【操作实例】利用"平滑"命令平滑选区。

步骤1：打开目录"素材/模块二"下的牛精神图片"15.jpg"。

步骤2：在工具栏中选取"快速选择工具"，在所需操作的图像上创建选区，如图2-47所示。

平滑选区

图 2-47 创建选区

步骤 3：在菜单栏中单击"选择"→"修改"→"平滑"，如图 2-48 所示。

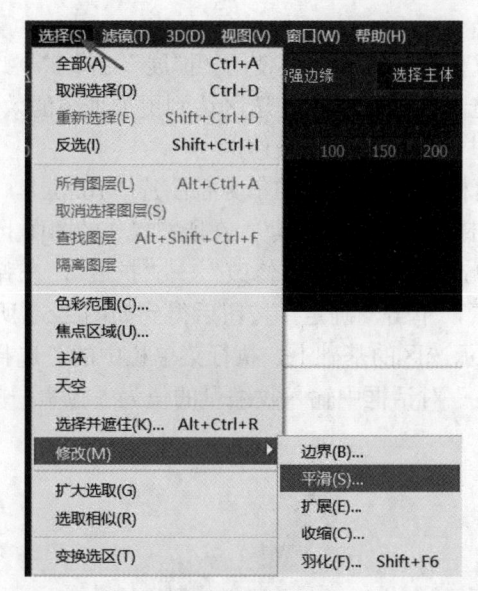

图 2-48 选择平滑选区工具

步骤 4：在弹出的"平滑选区"对话框中输入取样半径的值为 4 像素，如图 2-49 所示，单击"确定"按钮后得到平滑选区效果，如图 2-50 所示。

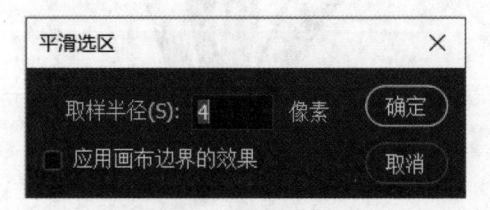

图 2-49 设置取样半径

图 2-50 平滑选区效果

2.3.6 扩展/收缩选区

选区创建完成后，可以根据实际的需要使用"扩展"命令扩展选区，也可以使用"收缩"命令收缩选区，这样可以使选区达到更加理想的效果。

【操作实例】对选区进行扩展和收缩操作。

步骤 1：打开目录"素材/模块二"下的郁金香图片"16.jpg"。

步骤 2：在工具栏中选择"快速选择工具"，在所需操作的图像上创建选区，如图 2-51 所示。

步骤 3：在菜单栏中单击"选择"→"修改"→"扩展"，在弹出的"扩展选区"对话框中输入扩展量的值为 5 像素，单击"确定"按钮后得到如图 2-52 所示的选区效果。

步骤 4：在图 2-51 所示选区的基础上，执行菜单栏中的"选择"→"修改"→"收缩"命令，在弹出的"收缩选区"对话框中输入收缩量的值为 5 像素，单击"确定"按钮后得到如图 2-53 所示的选区效果。

图 2-51 创建选区　　图 2-52 扩展选区的效果　　图 2-53 收缩选区的效果

2.3.7 羽化选区

羽化选区能够使选区边缘产生逐渐淡出的效果，让选区边缘平滑、自然，在合成图像时，适当的羽化可以使图像合成效果更加自然，也能制作出让人意想不到的效果。

【操作实例】对选区进行羽化操作。

步骤 1：打开目录"素材/模块二"下的背影图片"17.jpg"。

步骤 2：在所需操作的图像上创建选区，如图 2-54 所示。

图 2-54 创建选区

步骤 3：在菜单栏中单击"选择"→"修改"→"羽化"，在弹出的"羽化选区"对话框中设置羽化半径的值为 20 像素，单击"确定"按钮，然后使用快捷键 Ctrl+Shift+I 进行反选，得到如图 2-55 所示的选区。

步骤 4：使用快捷键 Alt+Delete 给选区填充背景色（白色），得到如图 2-56 所示的最终效果。

图 2-55 反选选区　　　　　　　　图 2-56 最终效果图

2.3.8 选择并遮住

"选择并遮住"命令通常用于对选区边缘进行精细化调整，如消除选区边缘周围的背景色，调整选区边缘平滑、羽化、对比度，收缩或扩展选区边缘等，特别适合毛发类的抠图。以下简要介绍进入如图 2-57 所示的"选择并遮住"属性面板的方法。

方法 1：在菜单栏上执行"选择"→"选择并遮住"命令。

方法 2：在选区工具的状态下单击属性栏右侧的"选择并边缘"按钮。

方法 3：使用快捷键 Alt+Ctrl+R。

"选择并遮住"属性面板主要有视图模式、调整模式、边缘检测、全局调整、输出设置等属性组，另外，在该属性面板中，还可以设置蒙版区域或选定区域的颜色，并可设置颜色的不透明度以辅助对选区的选取操作。

（1）视图模式。

视图：主要用于选择不同的视图模式来查看选区的调整结果，如图 2-58 所示。

图 2-57 "选择并遮住"属性面板

图 2-58 视图模式

显示边缘：显示调整区域。

显示原稿：可以查看原始选区。

高品质预览：以高品质的画面效果进行预览。

（2）调整模式。"调整模式"主要用于设置选区的模式，主要包括颜色识别和对象识别两种。

（3）边缘检测。

半径：确定发生边缘调整的选区边界的大小，边缘为锐边的选区建议使用较小的半径，边缘较柔和的选区建议使用较大的半径。

智能半径：自动调整边界区域中发现的硬边缘和柔化边缘的半径。

（4）全局调整。

平滑：减少选区边界中的不规则区域，以创建较平滑的轮廓。

羽化：模糊选区与周围像素之间的过渡效果。

对比度：锐化选区边缘并消除模糊的不协调感，通常配合"智能半径"选项使用。

移动边缘：当设置为负值时，可以向内收缩选区边界；当设置为正值时，可以向外扩展选区边界。

清除选区：取消当前选中的选区。

反相：选择除图像当前选区外的其他选区。

（5）输出设置。

净化颜色：将彩色杂边替换为选中的颜色，颜色替换的强度与选区边缘的羽化程度是成正比的。

数量：用于更改净化彩色杂边的替换程度。

输出到：主要用于设置选区的输出方式。

【操作实例】使用"选择并遮住"命令抠图。

步骤 1：打开目录"素材/模块二"下的小狗图片"18.jpg"。

步骤 2：使用快捷键 **Ctrl+J** 复制图层。

步骤 3：选择任意一个套索工具或选框工具或选择工具，然后单击属性栏右侧的"选择并遮住"按钮，此时，图像将会被填充一层红色（默认为红色），同时在右侧将会弹出"选择并遮住"属性面板，如图 2-59 所示。

图 2-59 "选择并遮住"属性面板

步骤 4：使用快速选择工具选择图像的主体，得到如图 2-60 所示的选区。

步骤 5：选择图像左侧的"调整边缘画笔工具"，在图像边缘进行涂抹，此时图像边缘的毛发更加清晰，涂抹完成后的效果如图 2-61 所示。

图 2-60　选择图像主体　　　　　　图 2-61　涂抹图像边缘

步骤 6：在"边缘检测"属性组中，设置半径为 3 像素，勾选"智能半径"复选框。

步骤 7：在"输出设置"属性组中，勾选"净化颜色"复选框，数量设置为 100%，输出到"新建带有图层蒙版的文档"。设置完成后，单击"选择并遮住"属性面板底部的"确定"按钮，此时将会得到一个新文档，如图 2-62、图 2-63 所示。从图中可看到，狗的毛发也被完美抠出来了，边缘不存在绿色的背景。

图 2-62　抠图效果　　　　　　图 2-63　抠图效果（加白色背景色）

2.3.9　选区的运算

选区的运算是通过各种创建选区的工具和四种选区模式按钮共同进行的，主要包括"新选区"按钮、"添加到选区"按钮、"从选区减去"按钮和"与选区交叉"按钮。

【操作实例】对选区进行运算操作。

步骤 1：打开目录"素材/模块二"下的月球图片"19.jpg"。

步骤 2：在工具栏中选择"椭圆选框工具"，在所需操作的图像上创建选区，如图 2-64 所示。

步骤 3：在属性栏单击"从选区减去"按钮，再创建一个椭圆选区，如图 2-65 所示，减去选区后的效果如图 2-66 所示。

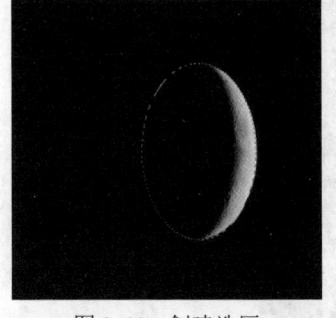

图 2-64　创建选区　　　　　　图 2-65　从选区减去　　　　　　图 2-66　效果图

2.3.10　选区的保存和载入

选区的保存和载入

存储选区，是指将一个已经载入选区的对象进行存储。一般在菜单栏中单击"选择"→"存储选区"即可保存选区。选区会保存到"通道"面板中。单击面板区的"通道"，会发现"通道"面板里多了一个保存的通道。

载入选区操作在存储选区之前。载入选区有两种方法：一种是在菜单栏中单击"选择"→"载入选区"；另一种是按住 Ctrl 键，单击图层，即可将该图层载入选区。

【操作实例】对选区进行保存和载入。

步骤 1：打开目录"素材/模块二"下的海星图片"20.jpg"。

步骤 2：在所需操作的图像上创建选区，在菜单栏中单击"选择"→"存储选区"，如图 2-67 所示，此时将会打开"存储选区"对话框，在对话框中给选区命名，如图 2-68 所示。

图 2-67　打开存储选区命令　　　　　　图 2-68　命名选区

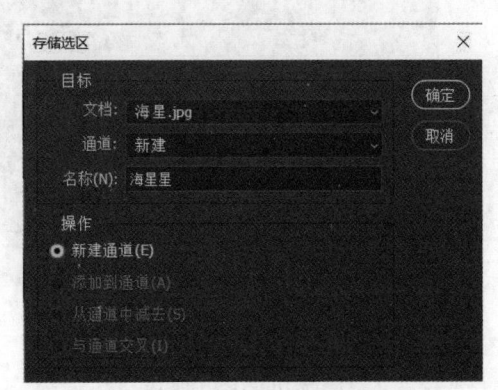

步骤 3：单击"确定"按钮后，在"通道"面板中便可看到所存储的"海星星"选区，如图 2-69 所示。

图 2-69　存储选区

步骤 4：当使用快捷键 Ctrl+D 取消了选区之后，可以在菜单栏上执行"选择"→"载入选区"命令进行选区的载入。

2.4　任务四　应用选区

2.4.1　移动选区内的图像

移动工具可以对选区进行任意移动或复制。使用"移动工具"在移动图像的同时按住 Alt 键，鼠标指针会变成双箭头形状，这时拖曳图像不会显示背景颜色，而是复制选区内的图像。按住快捷键 Shift+Alt，移动的选区图像会沿对象的水平方向或者垂直方向进行复制。

【操作实例】使用移动工具对选区进行移动或复制。

步骤 1：打开目录"素材/模块二"下的莲花图片"21.jpg"。

步骤 2：在所需操作的图像上创建选区，如图 2-70 所示。

步骤 3：在工具栏中选择"移动工具"，按住鼠标左键的同时按 Alt 键移动选区内的图像，取消选区可按快捷键 Ctrl+D，移动后的图像效果如图 2-71 所示。

图 2-70　创建选区　　　　图 2-71　移动选区后的图像效果

2.4.2　清除选区内的图像

在 Photoshop 中按 Delete 键可以删除选区内的图像。

【操作实例】删除选区内的图像。

步骤 1：打开目录"素材/模块二"下的枫叶图片"22.jpg"。

步骤 2：在所需操作的图像上创建选区，如图 2-72 所示。

图 2-72　创建选区

步骤 3：按 Delete 键清除选区内的图像，如图 2-73 所示。

图 2-73　清除选区内的图像

步骤 4：将选区填充为白色后的效果如图 2-74 所示。

图 2-74　填充颜色后的图像效果

2.4.3　描边选区

描边选区就是沿着选区的边缘进行描绘，通俗来讲就是为选区边缘加上边框。通过对选区进行描边，可以设置选区边缘的颜色、宽度、位置等。

描边选区

【操作实例】对选区进行描边操作。

步骤 1：打开目录"素材/模块二"下的荷花图片"23.jpg"。

步骤 2：在所需操作的图像上创建选区，如图 2-75 所示。

步骤 3：在菜单栏中单击"编辑"→"描边"，如图 2-76 所示，在弹出的"描边"对话框中进行相关参数设置，如图 2-77 所示，设置完成后单击"确定"按钮得到如图 2-78 所示的图像效果。

图 2-75　创建选区

图 2-76　选择描边

图 2-77　设置描边参数

图 2-78　效果图

2.4.4　定义图案

在使用 Photoshop 的时候，可以将经常用到的一些图案特效设置成定义图案，方便以后使用。

定义图案

【操作实例】定义图案的设置与使用。

步骤 1：打开目录"素材/模块二"下的桃花图片"24.jpg"。

步骤 2：清除图像白色背景，如图 2-79 所示。

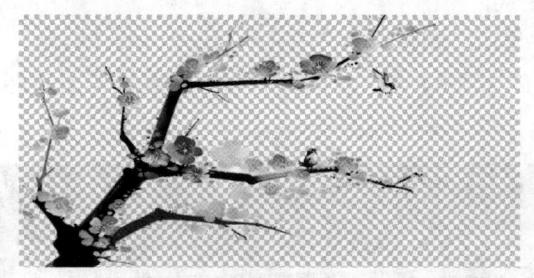

图 2-79　清除图像白色背景

步骤 3：在菜单栏单击"编辑"→"定义图案"图案，在打开的"图案名称"对话框中设置图案名称为"桃花"并单击"确定"按钮，此时便创建了图案。

步骤 4：打开目录"素材/模块二"下的笔记本电脑图片"25.jpg"，并选中笔记本电脑的背面，然后在菜单栏单击"编辑"→"填充"，在弹出的"填充"对话框中设置内容为"图案"，然后在"选项"区域中选择步骤 3 所创建的自定义图案"桃花"，如图 2-80 所示；单击"确定"按钮后就可以为新的图像填充图案，效果如图 2-81 所示。

图 2-80　设置填充参数　　　　　图 2-81　填充图案后的效果

2.4.5　填充选区

Photoshop 中，不但可以在一个选区内填充颜色，还可以使用图案进行填充。

填充选区

1. 填充颜色

【操作实例】为选区填充颜色。

步骤 1：打开目录"素材/模块二"下的笔记本电脑图片"25.jpg"。

步骤 2：在笔记本电脑的背面创建选区，如图 2-82 所示。

图 2-82　创建选区

步骤3：在菜单栏中单击"编辑"→"填充"，在弹出的"填充"对话框中设置内容为"颜色"，并设置填充颜色，如图2-83所示；填充后的图像效果如图2-84所示。

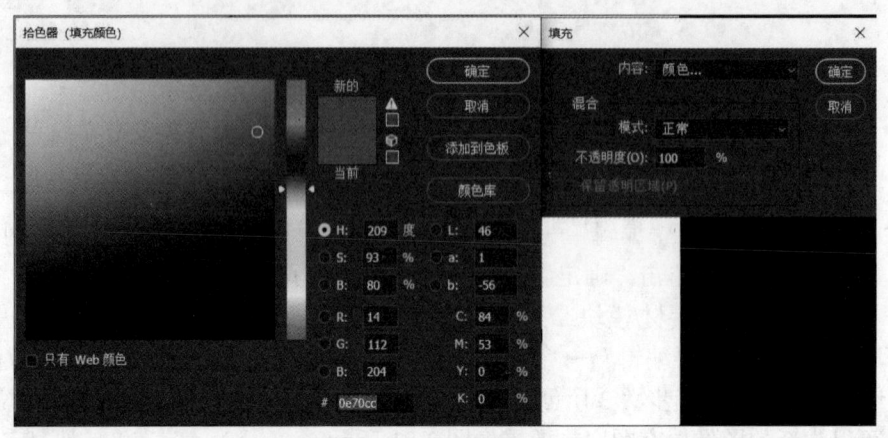

图2-83　设置填充参数

图2-84　效果图

2. 填充前景色/背景色

【操作实例】为选区填充前景色/背景色。

步骤1：打开目录"素材/模块二"下的图片"26.jpg"。

步骤2：创建选区，如图2-85所示。

步骤3：调整前景色的颜色值为# c8e40c，然后在菜单栏中单击"编辑"→"填充"，在弹出的"填充"对话框中设置内容为"前景色"，单击"确定"按钮后的图像效果如图2-86所示。

图2-85　创建选区　　　　　　　　图2-86　填充前景色的图像效果

步骤 4：步骤 3 中，如果在弹出的"填充"对话框中设置内容为"背景色"，则单击"确定"按钮后的图像效果如图 2-87 所示。

图 2-87　填充背景色的图像效果

3. 通过内容识别填充选区

【操作实例】使用内容识别填充工具，快速去除选区对象。

步骤 1：打开目录"素材/模块二"下的草地与牛图片"27.jpg"。

步骤 2：创建选区，如图 2-88 所示。

图 2-88　创建选区

步骤 3：在菜单栏中单击"编辑"→"内容识别填充"，在弹出的"内容识别填充"面板中单击"确定"按钮得到如图 2-89 所示的图像效果。

图 2-89　效果图

2.5 项目实训

2.5.1 情境描述

习近平总书记十分重视农业绿色发展和食品安全问题,他明确指出,"推进农业绿色发展是农业发展观的一场深刻革命"。全面推进绿色农业发展,必须以习近平总书记的一系列重要论断为工作导向、奋斗目标和根本遵循,走绿色兴农道路,加快绿色食品生产,提高绿色食品供给能力,全面提升现代农业的质量效益和竞争力。

假如你是一名电商广告设计师,现需为客户网站——花公子蜂蜜有限公司门户网站设计一张体现绿色健康的蜂蜜产品 Banner 图。该公司是一家集蜜蜂养殖、基地建设、蜂产品研发与销售为一体的企业,致力于生产、加工、销售最优质鲜活、绿色健康的蜂产品。

2.5.2 设计要求

Banner 图需体现花公子蜂蜜有限公司蜂产品绿色健康理念。请利用目录"素材/模块二"下的素材设计一张 Banner 图。

2.5.3 实现过程

步骤 1:确定 Banner 图的宽为 1920 像素、高为 700 像素,并按照该尺寸创建画布。

步骤 2:导入目录"素材/模块二"下的草地图片"28.jpg",并调整图片大小,如图 2-90 所示。

图 2-90 导入图片

步骤 3:选中"草地"图层,右击在弹出的快捷菜单中执行"栅格化图层"命令对图层进行栅格化,然后使用快速选择工具选中图片中的天空,并按 Delete 键删除选区,如图 2-91 所示。

步骤 4:导入目录"素材/模块二"下的木板图片"29.jpg",并调整图片的大小及位置,如图 2-92 所示。

步骤 5:导入目录"素材/模块二"下的蜂蜜图片"30.jpg"和"31.jpg",并进行栅格化操作,如图 2-93 所示。

步骤 6:使用"魔棒工具"删除"蜂蜜"图层的背景,效果如图 2-94 所示。

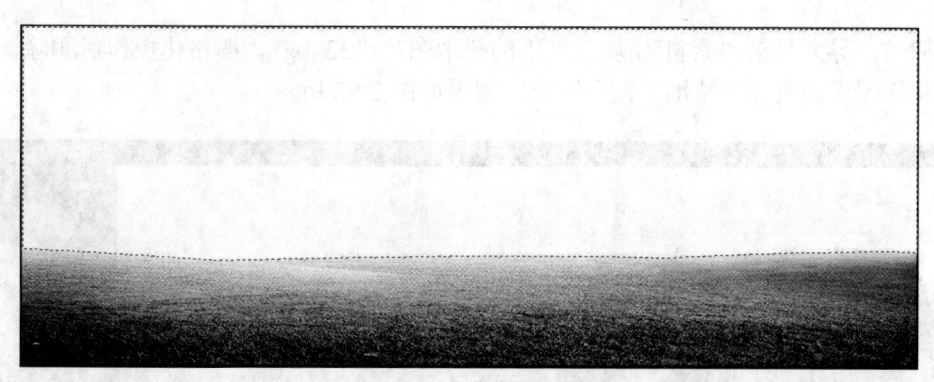

图 2-91 删除天空

图 2-92 导入木板图片

图 2-93 导入蜂蜜图片

图 2-94 删除"蜂蜜"图层背景后的图片效果

步骤 7：导入目录"素材/模块二"下的树木图片"32.jpg"，栅格化操作后删除该图层背景，并将该图层调整到"草地"图层下方，效果如图 2-95 所示。

图 2-95 导入树木图片

步骤 8：导入目录"素材/模块二"下的树叶图片"33.jpg"并栅格化该图层，调整图片大小后，使用"矩形选框工具"选中左下角的树叶，如图 2-96 所示。

图 2-96 选中树叶

步骤 9：按 Ctrl+X 组合键剪切该选区并粘贴，然后调整"树叶"图层的位置，如图 2-97 所示。

图 2-97 调整"树叶"图层的位置

步骤 10：删除"树叶"图层背景，效果如图 2-98 所示。

图 2-98　删除"树叶"图层背景后的图片效果

步骤 11：写入字符"专业天然生产、绿色、无添加剂的蜂蜜"和 Professional production of natural,green,no additive honey，调整字符的大小、位置和颜色，最终效果如图 2-99 所示。

图 2-99　最终效果图

习　题

一、选择题

1. 在 Photoshop 中，取消当前选区的快捷键是（　　）。
   A．Ctrl+D　　　　B．Ctrl+U　　　　C．Ctrl+K　　　　D．Ctrl+F
2. 在对选区进行减操作时，需按（　　）键。
   A．Shift　　　　B．Alt　　　　C．Ctrl　　　　D．Alt+Ctrl
3. 在 Photoshop 中，反选当前选区的快捷键是（　　）。
   A．Ctrl+I　　　　B．Ctrl+J　　　　C．Ctrl+Shift+I　　　　D．Ctrl+Shift+J
4. 使用（　　）方法可旋转图层或选区。
   A．执行"编辑"→"自由变换"命令
   B．单击并拖动旋转工具
   C．执行"图层"菜单中的"旋转"命令
   D．Ctrl+移动工具

5. 为了确定磁性套索工具对图像边缘的敏感程度，应调整下列（　　）数值。
　　A．容差额　　　　　　　　　　B．边对比度
　　C．颜色容差　　　　　　　　　D．套索宽度
6. 下列（　　）工具可以选择连续的相似颜色的区域。
　　A．矩形选框工具　　　　　　　B．椭圆选框工具
　　C．魔棒工具　　　　　　　　　D．磁性套索工具
7. Photoshop 中，在当前图层中有一个正方形选区，要想得到另一个与该选区同等大小的正方形选区，下列操作正确的是（　　）。
　　A．将光标放在选区中，然后按住 Ctrl+Alt 键拖动
　　B．在"信息控制"面板中查看选区的宽度和高度值，然后按住 Shift 键再绘制一个同等宽度和高度的选区
　　C．选择"编辑"→"拷贝""编辑"→"粘贴"命令
　　D．选择移动工具，然后按住 Alt 键拖动
8. 可以将图案填充到选区内的工具是（　　）。
　　A．画笔工具　　　　　　　　　B．图案图章工具
　　C．橡皮图章工具　　　　　　　D．喷枪工具
9. 移动图层中的图像时，如果每次需要移动 10 像素的距离，应按的功能键是（　　）。
　　A．按住 Alt 键的同时按键盘上的箭头键
　　B．按住 Tab 键的同时按键盘上的箭头键
　　C．按住 Ctrl 键的同时按键盘上的箭头键
　　D．按住 Shift 键的同时按键盘上的箭头键
10. 设置一个适当的（羽化）值，然后对选区内的图形进行多次删除操作可以实现（　　）。
　　A．选区边缘的锐化效果　　　　B．选区边缘的模糊效果
　　C．选区扩边　　　　　　　　　D．选区扩大

二、判断题

1. 选框工具组中的工具是用来创建规则选区的。　　　　　　　　　　　　　　（　　）
2. 单行或单列选框工具定义宽度为 10 像素的行或列。　　　　　　　　　　　（　　）
3. 在定义图案时，如果要选取图像中的一部分，则使用的选框工具必须为矩形选框工具，且属性栏中的"羽化"值可以设置为任意参数值。　　　　　　　　　　　　　　（　　）
4. "变换选区"命令只可以对选区进行旋转。　　　　　　　　　　　　　　　（　　）
5. 在 Photoshop 中，容差越大，选择的色彩范围越小；容差越小，选择的色彩范围越大。
　　　　　　　　　　　　　　　　　　　　　　　　　　　　　　　　　　　（　　）

三、思考题

1. 选区在图像处理过程中有何作用？
2. 不规则选区有哪些选取的方法？
3. 管理、编辑选区主要包括哪些操作？

拓 展 训 练

任务一： 请利用所提供的素材，运用所学知识制作如图 2-100 所示的图像效果。

图 2-100　任务一效果图

任务二： 请利用所提供的素材，运用所学知识制作如图 2-101 所示的图像效果。

图 2-101　任务二效果图

任务三： 请利用所提供的素材，运用所学知识制作如图 2-102 所示的图像效果。

图 2-102　任务三效果图

模块三　文本输入与编辑

学习目标

知识目标：

- 了解文字的输入形式。
- 了解文字工具。
- 认识文字的基本属性。
- 熟悉路径文字、选区文字、变形文字、栅格化文字的操作步骤及方法。
- 了解文字栅格化的含义。

能力目标：

- 能够使用文字工具输入文字。
- 能够根据要求编辑文字属性。
- 能够使用路径文字、选区文字、变形文字、栅格化文字制作文字效果。

素质目标（含"课程思政"目标）：

- 增强学生环境保护的意识。
- 培养学生精益求精的工匠精神。
- 增强学生的家国情怀。
- 培养学生"态度决定一切"的工作态度和积极进取的精神。

知识导图：

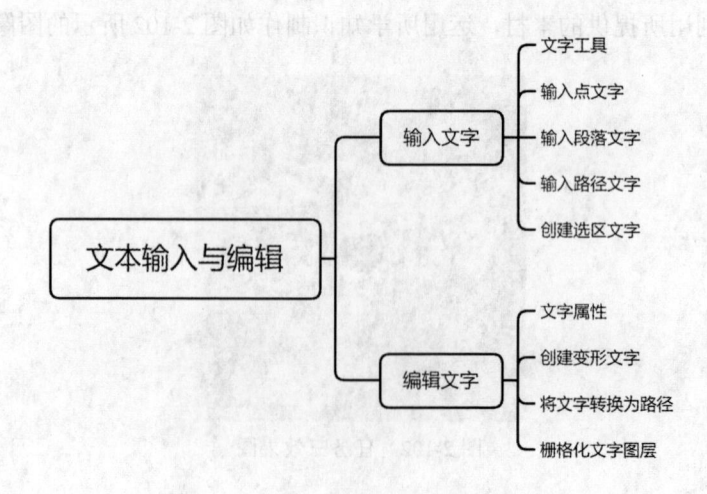

```
                                    ┌── 文字工具
                                    ├── 输入点文字
                        ┌── 输入文字 ──┼── 输入段落文字
                        │            ├── 输入路径文字
                        │            └── 创建选区文字
        文本输入与编辑 ──┤
                        │            ┌── 文字属性
                        │            ├── 创建变形文字
                        └── 编辑文字 ──┼── 将文字转换为路径
                                     └── 栅格化文字图层
```

3.1 任务一 输入文字

在使用 Photoshop 的过程中，很多时候都需要用到文字工具进行设计与制作，那么，如何使用文字工具进行设计与制作呢？以下将对其进行详细讲解。

3.1.1 文字工具

Adobe Photoshop 2021 工具栏中提供了文字工具，选择"文字工具"后，将在菜单栏下方出现如图 3-1 所示的文字工具属性栏。通过该属性栏，可以快速设置文字的各种属性，包括切换文本方向、字体类型、字体样式、字体大小、文本对齐方式、字体颜色等。

图 3-1 文字工具属性栏

无论是选择水平方向的文字，还是垂直方向的文字，使用文字工具都能创建两种形式的文字，即点文字和段落文字。

Adobe Photoshop 2021 文字工具有横排文字工具、直排文字工具、直排文字蒙版工具和横排文字蒙版工具，如图 3-2 所示。

图 3-2 文字工具

（1）横排文字工具：在图像中输入标准的、从左到右排列的文字。
（2）直排文字工具：在图像中输入从右到左的竖直排列的文字。
（3）直排文字蒙版工具：在图像中建立直排文字选区。
（4）横排文字蒙版工具：在图像中建立横排文字选区。

3.1.2 输入点文字

点文字是指输入单独的文本行（如标题文本），行的长度随着编辑增加或缩短，但不换行。

在图像窗口中选好文字插入点后单击（注意：不是拖动）即可录入文字；在点文字录入过程中，文字不会自动换行，必须通过按 Enter 键进行手动换行；如果要改变文本在图像窗口中的位置，用移动工具或按住键盘上的 Ctrl 键的同时拖动文本即可；文字输入完毕后单击文字工具属性栏上的 ✓ 按钮，如果要放弃已输入的文本，可单击 ⊘ 按钮。

【操作实例】使用输入点文字的方法，在图片上的输入文本 1、文本 2 和文本 3 的内容。

文本 1："执着专注、精益求精、一丝不苟、追求卓越"。

文本 2："时代发展，需要大国工匠；迈向新征程，需要大力弘扬工匠精神"。

文本 3："工匠精神"。

步骤 1：启动 Adobe Photoshop 2021，打开目录"素材/模块三"下的图片"1.jpg"，并解锁该图层，如图 3-3 所示。

图 3-3　打开图片

步骤 2：在"工具栏"中使用"横排文字工具"分别输入文本 1、文本 2 和文本 3 的内容，如图 3-4 所示。

图 3-4　输入文字

步骤 3：按照如下要求设置字体属性。

文本 1 和文本 2：字体为"华文行楷"，大小为"26 像素"，消除锯齿的方法为"平滑"，字体的颜色为"#ab6b43"。

文本 3：字体为"微软雅黑"，大小为"72 像素"，消除锯齿的方法为"平滑"，字体的颜色为"#ed1f26"。

步骤4：字体属性设置完成后，调整字体的位置得到作品最终效果图如图3-5所示。

图3-5 实例最终效果图

3.1.3 输入段落文字

输入段落文字与输入点文字的不同之处在于，输入段落文字要先用文字工具拖出一个矩形文本框，然后再往文本框里输入文字，当文字的字数超出文本框的长度时，文字会自动换行，而输入点文字则不行自动换行。

输入段落文字

【操作实例】利用所提供的文本和图片素材合成古诗图片。

文本1："静夜思"。

文本2："李白"。

文本3："床前明月光，疑是地上霜。举头望明月，低头思故乡"。

步骤1：启动Adobe Photoshop 2021，打开目录"素材/模块三"下的图片"2.jpg"，并解锁该图层，如图3-6所示。

图3-6 打开图片素材

步骤 2：使用"横排文字工具"，采用点文字的方式输入文本 1，并设置如下字体属性，效果如图 3-7 所示。

字体：微软雅黑。

字体大小：35 像素。

消除锯齿的方法：平滑。

字体颜色：白色。

图 3-7　输入文本 1

步骤 3：使用"横排文字工具"，采用点文字的方式输入文本 2，并设置如下字体属性，效果如图 3-8 所示。

字体：微软雅黑。

字体大小：25 像素。

消除锯齿的方法：平滑。

字体颜色：白色。

图 3-8　输入文本 2

步骤 4：使用"横排文字工具"，采用段落文字的方式输入文本 3，并设置如下字体属性，效果如图 3-9 所示。

字体：微软雅黑。
字体大小：28 像素。
消除锯齿的方法：平滑。
字体颜色：白色。

图 3-9　输入文本 3

3.1.4　输入路径文字

在设计的过程中，有时需要把文字按设计好的路径进行排列，这时就需要输入路径文字了，路径文字可以使字体的表现更加丰富多彩。

路径文字的制作方法如下：

（1）使用工具栏中的钢笔工具 创建路径，如图 3-10 所示。

（2）单击工具栏中的"横排文字工具"后，把指针移动到路径上，当指针变成 图标时，单击鼠标左键进入编辑路径文字状态并输入文字"态度决定一切 细节决定成败"，如图 3-11 所示，如果要调整文字在路径上的起点位置，只需按住键盘上 Ctrl 键，同时按住鼠标左键拉动起点标记即可，需注意的是，当文字的长度超过路径文字终点时，超出的文字会不显示出来，因此，可以通过调整路径文字的终点标记来控制输出的文字。

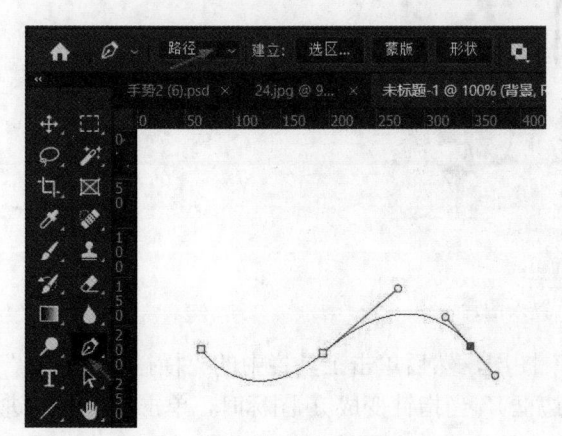

图 3-10　创建路径　　　　　　　　　　图 3-11　路径文字效果

【操作实例】使用输入路径文字等知识合成如图 3-16 所示的效果。

文字:"上天会酬报勤奋的人,付出的努力一定会有所回报"。

步骤 1:创建一个画布宽为 500 像素、高为 500 像素的文档。

步骤 2:使用椭圆工具绘制一个宽为 314 像素、高为 314 像素的圆形路径,如图 3-12 所示。(注意:在使用椭圆工具绘制时,按住键盘上的 Shift 键可以绘制一个圆。)

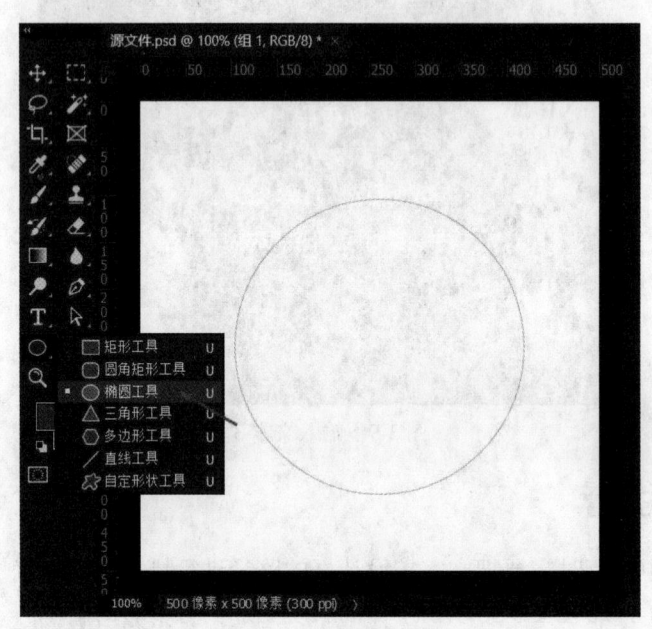

图 3-12　绘制圆形路径

步骤 3:在菜单栏选择"文件"→"置入嵌入对象",分别置入"素材/模块三"下的图片"3.jpg"和图片"4.jpg",调整图片位置后的效果图如图 3-13 所示。

图 3-13　置入图片

步骤 4:在"图层"面板中,选中"椭圆"图层,然后单击工具栏中的"横排文字工具"后,把指针移到前面所创建的路径上(即图的边框),当指针变成 I 图标时,单击鼠标左键进入编辑路径文字状态,如图 3-14 所示;输入文字并设置如下属性,如图 3-15 所示。

图 3-14　进入编辑路径文字状态 　　　　　图 3-15　输入并设置路径文字

字体：黑体。
字体大小：20 像素。
消除锯齿的方法：平滑。
字体颜色：黑色。
步骤 5：调整作品相关细节，得到最终的作品效果，如图 3-16 所示。

图 3-16　最终效果图

3.1.5　创建选区文字

选区文字是以文字选区的形式进行显示，再通过颜色、图案的填充来创建的文字，创建选区主要通过"横排文字蒙版工具"和"直排文字蒙版工具"来实现。

创建选区文字

【操作实例】使用创建选区文字的方法，在图片上输入以下文字内容。
文本 1："忍"。
文本 2："忍一时风平浪静，退一步海阔天空"。
步骤 1：打开目录"素材/模块三"下的背景图片"5.jpg"，如图 3-17 所示。
步骤 2：选择"横排文字蒙版工具"，输入文本 1 的文字，如图 3-18 所示，然后按 Ctrl+Enter 组合键实现文字选区，如图 3-19 所示。

图 3-17　打开图像文件

图 3-18　输入文本 1 的文字

图 3-19　实现文字选区

步骤 3：新建图层以便在该图层制作选区文字，如图 3-20 所示。

图 3-20 新建图层

步骤 4：将前景色设置为"#0a0000"，然后使用油漆桶工具给文字选区填充颜色，如图 3-21 所示。

图 3-21 给文字选区填充颜色

步骤 5：在菜单栏选择"图层"→"图层样式"→"混合选项"，在弹出的"图层样式"对话框中选择"斜面和浮雕"，并设置相关属性，如图 3-22 所示，设置完"斜面和浮雕"样式并调整字体位置后的字体效果如图 3-23 所示。

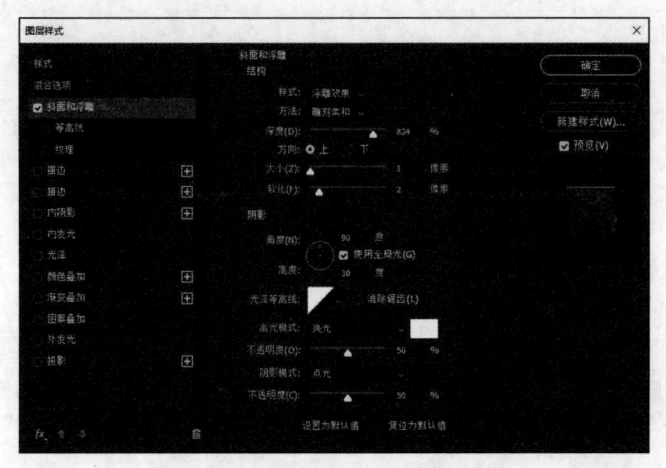

图 3-22 设置"斜面和浮雕"参数

图 3-23 设置"斜面和浮雕"样式的效果

步骤 6：使用文字工具输入文本 2 的文字，并设置相关的属性及调整字体位置，得到作品的最终效果如图 3-24 所示。

图 3-24 最终效果图

3.2 任务二 编辑文字

3.2.1 文字属性

文字属性

编辑文字是在设计制作过程中常用的操作，可以根据需求改变文字的属性。根据用途的不同可以把文字属性分为字符属性和段落属性。在菜单栏选择"窗口"→"字符"可以打开"字符"面板，如图 3-25 所示；在菜单栏选择"窗口"→"段落"可以打开"段落"面板，如图 3-26 所示。

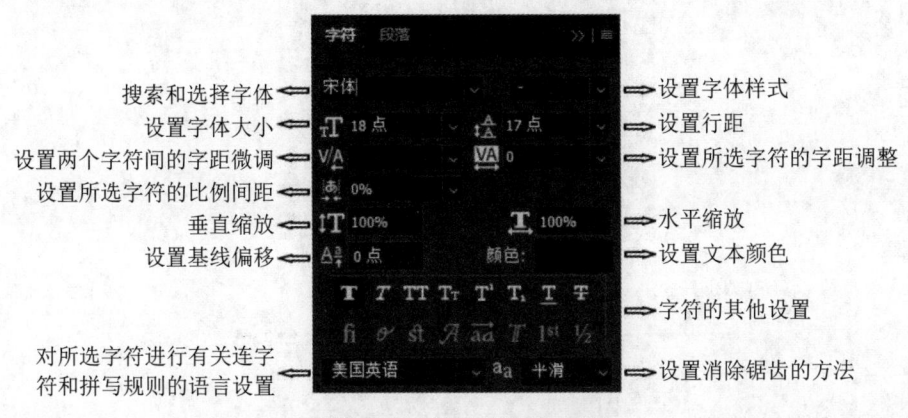

图 3-25 "字符"属性面板

图 3-26 "段落"属性面板

3.2.2 创建变形文字

在设计过程中，常常需要对文字进行一些变形处理以达到更好的艺术视觉效果，而 Photoshop 软件中的文字变形工具则可以针对文字的形状进行各种各样的扭曲处理，从而制作出特殊的文字效果。

创建变形文字

【操作实例】使用创建变形文字的方法，在图片上输入文本 1 和文本 2 的内容。

文本 1："水是生命之源"。

文本 2："水对我们的生命起着重要的作用，它是生命的源泉，是人类赖以生存和发展的不可缺少的最重要的物质资源之一。请珍惜每一滴水、节约用水"。

步骤 1：打开目录"素材/模块三"下的图片"6.jpg"，使用"横排文字工具"在图像上输入文本 1 的文字，并设置如下字体属性，如图 3-27 所示。

字体：微软雅黑。

字体样式：bold。

字体大小：60 像素。

消除锯齿的方法：平滑。

字体颜色：文字"水是"和"之源"的颜色为"#009920"，文字"生命"的颜色为"# d9000f"。

图 3-27 输入文本 1

步骤 2：选中步骤 1 输入的文字，在属性栏中选择"创建文字变形"图标，在弹出"变形文字"参数面板中设置相关参数，如图 3-28 所示，"变形文字"参数设置完成后，此时文字的效果如图 3-29 所示。

图 3-28 设置"变形文字"

图 3-29 文字的效果图

步骤 3：在菜单栏选择"图层"→"图层样式"→"混合选项"，在弹出的"图层样式"对话框中选择"斜面和浮雕"，并设置相关属性，如图 3-30 所示。

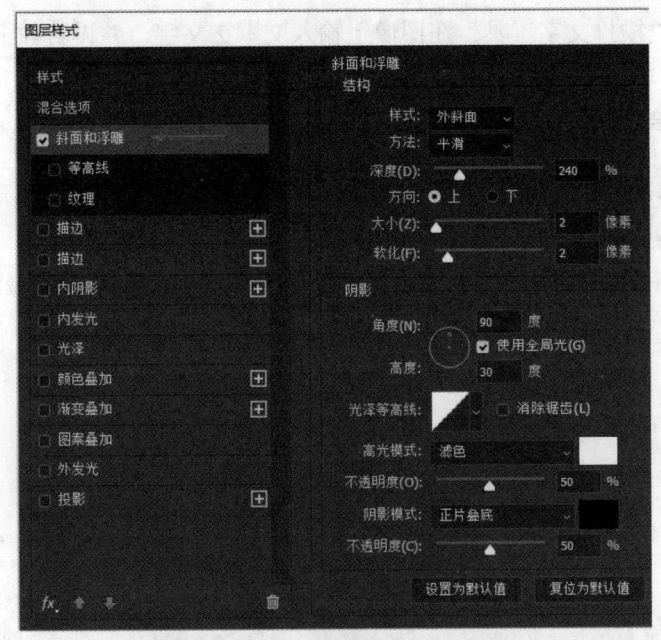

图 3-30 设置"斜面和浮雕"参数

步骤 4：在"图层样式"面板中选择"描边"，并设置相关属性（颜色为#34a03a），如图 3-31 所示，此时，文字的效果如图 3-32 所示。

图 3-31 设置"描边"参数

图 3-32 文字变形效果

步骤 5：使用"横排文字工具"在图像上输入文本 2 文字，并设置如下参数。
字体：微软雅黑。
字体样式：Regular。
字体大小：18 像素。
消除锯齿的方法：平滑。
字体颜色：#5e5757。
参数设置完成后，精细调整文本 1 和文本 2 字体位置后得到作品的最终效果，如图 3-33 所示。

图 3-33　文字变形后效果

3.2.3　将文字转换为路径

在 Photoshop 中，可以直接将文字转换为路径，从而可以直接通过此路径进行描边、填充等操作，制作出特殊的文字效果。

将文字转换为路径

【操作实例】将文字转换为路径，制作特殊文字效果。
步骤 1：创建一个画布宽为 620 像素、高为 400 像素的文档。
步骤 2：使用横排文字工具在画布上输入文本 photoshop，并设置以下的字体属性，如图 3-34 所示。

图 3-34　输入 photoshop

字体：Adobe 黑体 Std。

字体大小：100 像素。

消除锯齿的方法：平滑。

字体颜色：#000000。

步骤 3：在菜单栏上执行"文字"→"创建工作路径"命令，此时该图层的文字已被转换为路径，在"路径"面板中将会出现该文字的工作路径，如图 3-35 所示。

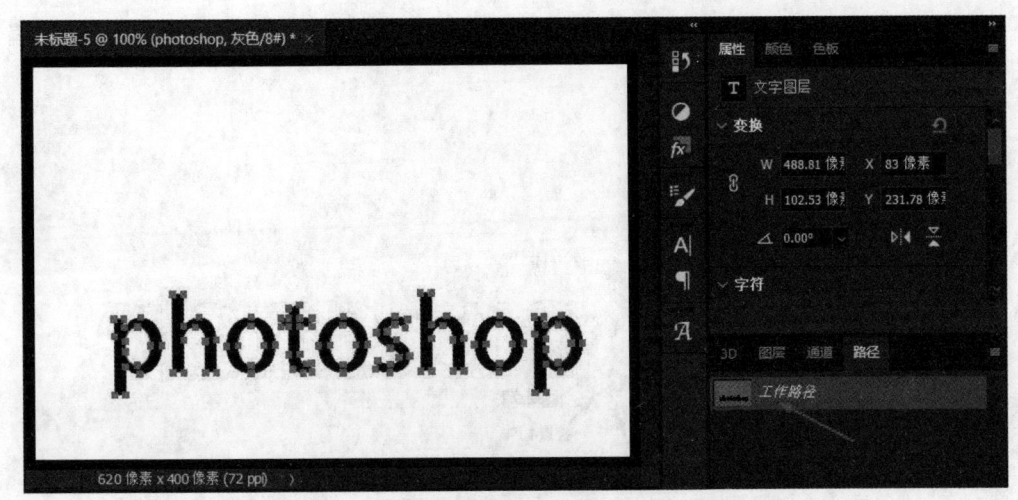

图 3-35　创建工作路径

步骤 4：隐藏文字图层 photoshop，使用工具栏中的"直接选择工具"单击路径上的 h 字母，如图 3-36 所示。

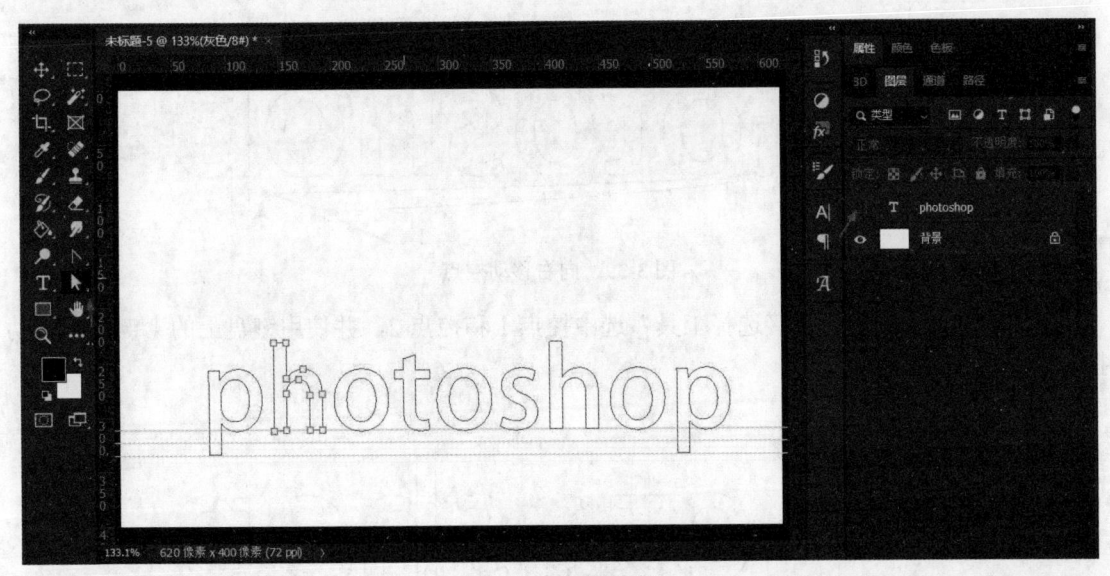

图 3-36　选择路径

步骤 5：为了更改字母 h 的形状，首先拉出辅助线以使操作更加精确，接着选中如图 3-37 所示的控点，并使用键盘上的↓键向下移动控点。

图 3-37　向下移动控点

步骤 6：使用"添加锚点工具"添加两个控点，为了方便读者理解，现给控点进行编号，如图 3-38 所示。

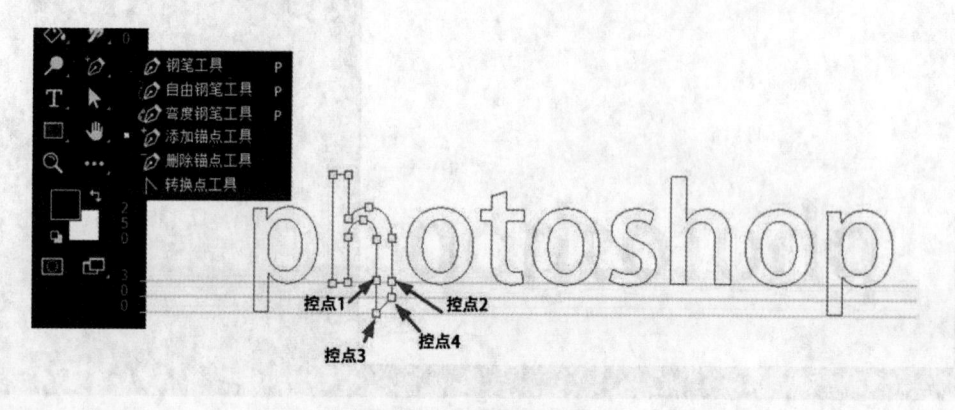

图 3-38　添加控点并编号

步骤 7：分别使用"直接选择工具"选中控点 3 和控点 4，并使用键盘上的→键向右移动控点，如图 3-39 所示。

图 3-39　向右移动控点

步骤 8：分别使用"直接选择工具"选中控点 1 和控点 2，并使用键盘上的↓键向下移动控点，如图 3-40 所示。

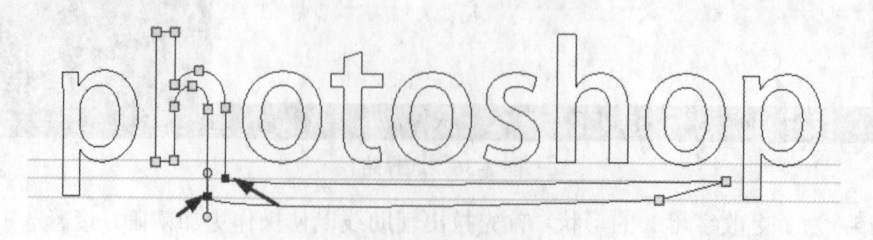

图 3-40　向下移动控点

步骤9：使用"转换点工具"将控点1和控点2转换为拐角，如图3-41所示。

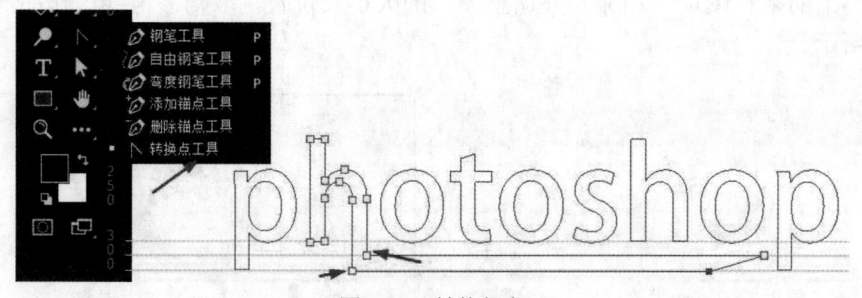

图 3-41　转换拐角

步骤10：按住 Ctrl 键的同时，单击"路径"面板中的"工作路径"图标，将工作路径转换为选区，如图3-42所示。

图 3-42　将工作路径转换为选区

步骤11：在工具栏上选择"画笔工具"，如图3-43所示。
步骤12：单击画笔工具属性栏的"画笔预设"选取器，并设置相关参数，如图3-44所示。
步骤13：新建图层，并将其调整在 photoshop 图层和"背景"图层之间，如图3-45所示。

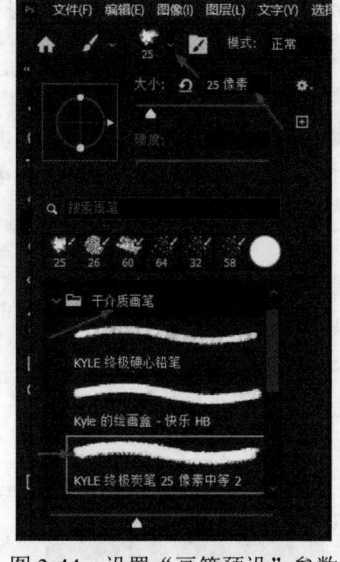

图 3-43　选择"画笔工具"　　图 3-44　设置"画笔预设"参数　　图 3-45　新建图层

步骤14：根据所提供素材的颜色设置前景色，然后使用"画笔工具"并按住鼠标左键在选区中来回涂抹，最终得到如图3-46所示的文字效果。

步骤15：使用组合键 Ctrl+D 取消蚁行线的选取（即取消选区的选中状态），导入目录"素材/模块三"下的素材图片"7.jpg"并调整图片的大小及位置，取消参考线，作品的最终效果如图3-47所示。

图 3-46　使用"画笔工具"涂抹颜色　　　　　图 3-47　作品的最终效果

3.2.4　栅格化文字图层

栅格化文字图层就是把矢量图变为像素图，即将文字图层转换为普通图层。在使用 Photoshop 进行文字处理时，有时候需要将文字作为图像来编辑，这就需要对文字进行栅格化处理。但要切记，文字图层被栅格化后，虽然可以在该层上添加一些效果和执行一些命令，但栅格化后的文字不再具备文字的属性，也就是不能再改变文字的内容、字体、字号等属性。因此，在实际工作中，栅格化文字之前，一定要确定是否还需要修改编辑文字。如果后期还需要修改文字，可以复制一个文字图层，再将其中一个文字图层栅格化，相当于将文本图层复制一个备份，如果误操作了还可以再次处理该图层，而不必重新编辑文字。

栅格化文字图层的操作非常简单，在选中文字图层后，只需在菜单栏中单击"文字"→"栅格化文字图层"就可栅格化文字图层了。

【操作实例】通过栅格化文字图层制作特殊效果。

步骤1：打开目录"素材/模块三"下的奋斗人生图片"8.jpg"，使用"横排文字工具"在图像上输入文字"奋斗人生"，并设置以下字体属性，如图3-48所示。

图 3-48　添加文字

字体：Adobe 黑体 Std。

字体大小：133 像素。

消除锯齿的方法：浑厚。

字体颜色：#000000。

步骤 2：选中"奋斗人生"文字图层，在菜单栏中选择"文字"→"栅格化文字图层"，实现对文字图层的栅格化。

步骤 3：在菜单栏中选择"滤镜"→"滤镜库"，在打开的"滤镜库"面板中，选择"纹理"→"染色玻璃"，并设置相关的参数，如图 3-49 所示，设置完相关参数后，单击"确定"按钮，此时文字的效果如图 3-50 所示。

图 3-49　设置滤镜

步骤 4：设置前景色为背景图像上的某一种颜色，然后选择工具栏上的"魔棒工具"，并在属性栏上单击"添加到选区"按钮，接着使用魔棒工具在每个字体的部分区块上单击以选择该区域，然后使用 Alt+Delete 组合键给选区填充前景色，填完后使用快捷键 Ctrl+D 取消选区的选择状态。按照本步骤重复操作，作品的最终效果如图 3-51 所示。

图 3-50　添加滤镜后的文字效果　　　　　图 3-51　作品的最终效果

3.3 项目实训

3.3.1 情境描述

清明节,又称踏青节、行清节、三月节、祭祖节等,是我国四大传统节日之一,历史悠久,影响广泛,早已成为维系和促进中华民族"孝亲"伦理的重要纽带,成为博大精深的中华文化的重要组成部分,也理所当然地成为我国重要的非物质文化遗产。

假如你是一名广告设计师,在清明节来临之际,为某公益网站设计一张能体现一定文化内涵的清明节宣传图片。

3.3.2 设计要求

认真搜集资料,了解清明节的来历,挖掘清明节的内涵,发挥创新思维设计并制作作品,本项目实现的效果图仅供参考。

3.3.3 实现过程

步骤1:分析"情境描述"的内容,通过构思,基于杜牧写的七言绝句,以清明为主题设计一张清明图。

步骤2:创建宽为600像素、高为900像素的白色画布。

步骤3:导入目录"素材/模块三"下的牧童图片"9.jpg",调整图片的位置及大小,效果如图3-52所示。

步骤4:导入目录"素材/模块三"下的花朵图片"10.jpg",调整图片的位置及大小,效果如图3-53所示。

图3-52 导入图片素材"牧童"

图3-53 导入图片素材"花朵"

步骤 5：使用"直排文本工具"输入文字"清明"，并设置文字类型为"方正姚体"，大小为 60 像素，字体颜色为黑色，如图 3-54 所示。

步骤 6：使用"直排文本工具"输入文字"清明时节雨纷纷，路上行人欲断魂。借问酒家何处有？牧童遥指杏花村。"，并设置文字类型为"宋体"，字体颜色为黑色，大小为 23 像素，行距为 40 像素，字间距为 300，设置完成后，适当调整标题及诗句的位置，最终的效果图如图 3-55 所示。

图 3-54　输入文字　　　　　　　　　　图 3-55　最终效果图

习　题

一、选择题

1. 点文字可以通过（　　）命令转换为段落文字。
   A."转换为段落文字"　　　　　　B."文字"
   C."链接图层"　　　　　　　　　D."所有图层"
2. 下列选项中，不是变形文字样式中的选项的是（　　）。
   A. 旗帜　　　　　　　　　　　　B. 垂直
   C. 增加　　　　　　　　　　　　D. 扇形
3. 将段落文字转换为点文字时，所有溢出定界框的字符都会（　　）。
   A. 变大　　　　　　　　　　　　B. 变小
   C. 删除　　　　　　　　　　　　D. 出现
4. 文本工具不能实现的功能是（　　）。
   A. 改变文字颜色　　　　　　　　B. 增加文字内容
   C. 调整文字大小　　　　　　　　D. 调整文字在图层中的位置

5. 字符文字可以通过（　　）命令转化为段落文字。
   A. "转换为段落文字" B. "文字"
   C. "链接图层" D. "所有图层"
6. 将文字图层转换为普通图层可以使用（　　）命令。
   A. "创建工作路径" B. "转换为形状"
   C. "栅格化文字" D. "转换为点文字"
7. 在字符调板中，可以对文字属性进行设置，包括（　　）。
   A. 字体、大小 B. 字间距和行距
   C. 字体颜色 D. 以上都正确
8. 文字图层中的文字信息不可以进行修改和编辑的是（　　）。
   A. 文字颜色
   B. 文字内容，如加字或减字
   C. 文字大小
   D. 将文字图层转换为像素图层后可以改变文字的排列方式

二、判断题

1. 文字图层可以像普通图层一样进行各种编辑操作。　　　　　　　　（　　）
2. 路径绕排文字只能建立在封闭路径上。　　　　　　　　　　　　　（　　）
3. 文字图层只有进行栅格化后才能使用画笔工具进行操作。　　　　　（　　）
4. 段落文字可以进行缩放、倾斜、旋转操作。　　　　　　　　　　　（　　）
5. 文字图层可以转换为普通图层，普通图层也可以转换为文字图层。　（　　）
6. 文字图层与其他图层是完全一样的，没有什么区别。　　　　　　　（　　）

三、思考题

1. 输入"段落文字"与输入"点文字"有哪些不同之处？
2. 在文字处于可编辑状态时，改变文字颜色的方法有哪些？

拓 展 训 练

任务一：请使用文字工具制作"人人学 PS 科技有限公司"印章，效果图如图 3-56 所示。（说明：效果图中的五角星可直接使用 Photoshop 的"自定义形状工具"绘制。）

图 3-56　任务一效果图

任务二：请利用所提供的素材，运用文字工具和相关知识制作如图 3-57 所示的图片效果。

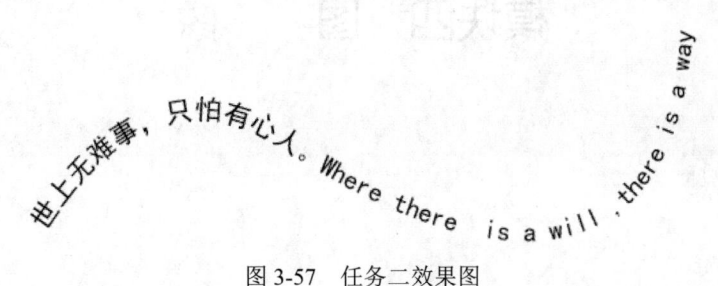

图 3-57　任务二效果图

任务三：请利用所提供的素材，运用文字工具和相关知识设计制作如图 3-58 所示的图片效果。

图 3-58　任务三效果图

任务四：请利用所提供的素材，运用文字工具和相关知识设计制作如图 3-59 所示的图片效果。

图 3-59　任务四效果图

模块四 图　　像

学习目标

知识目标：

- 了解图像的基础知识。
- 学习四种色彩处理工具。
- 掌握图像处理的基本知识。

能力目标：

- 学会使用拾色器选取颜色来处理图像。
- 能够使用裁剪工具、裁切工具、自由变换、变形等方式改变图像。
- 熟练控制图像的色调，主要是图像明暗度的调整。

素质目标（含"课程思政"目标）：

- 培养学生勤奋学习、严谨细致、精益求精的专业态度和工作作风。
- 培养学生的"三农"情怀，提升社会责任感与乡村振兴服务意识。
- 提高学生的人文素养和审美能力。

知识导图：

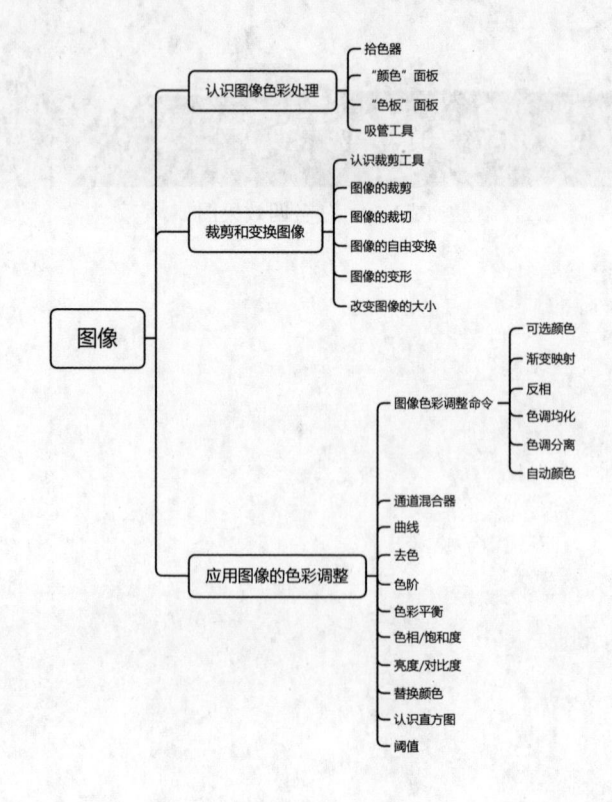

```
                                    ┌── 拾色器
                 ┌── 认识图像色彩处理 ├── "颜色"面板
                 │                  ├── "色板"面板
                 │                  └── 吸管工具
                 │
                 │                  ┌── 认识裁剪工具
                 │                  ├── 图像的裁剪
                 │                  ├── 图像的裁切
                 ├── 裁剪和变换图像  ├── 图像的自由变换
                 │                  ├── 图像的变形
                 │                  └── 改变图像的大小
                 │
          图像 ──┤                                    ┌── 可选颜色
                 │                                    ├── 渐变映射
                 │                  ┌── 图像色彩调整命令├── 反相
                 │                  │                  ├── 色调均化
                 │                  │                  ├── 色调分离
                 │                  │                  └── 自动颜色
                 │                  │
                 └── 应用图像的色彩   ├── 通道混合器
                     调整            ├── 曲线
                                    ├── 去色
                                    ├── 色阶
                                    ├── 色彩平衡
                                    ├── 色相/饱和度
                                    ├── 亮度/对比度
                                    ├── 替换颜色
                                    ├── 认识直方图
                                    └── 阈值
```

4.1 任务一 认识图像色彩处理

在图像色彩处理操作过程中，主要使用的颜色是前景色和背景色，前景色和背景色设置工具在工具栏的颜色选取框中，如图 4-1 所示。颜色选取框中前面的色块是前景色，单击前景色色块可以打开"拾色器"对话框，从中可以选取各种各样的颜色。而在颜色选取框中下面的色块是背景色，在操作时背景层上使用橡皮擦擦掉的部分就是由背景色来填充的。

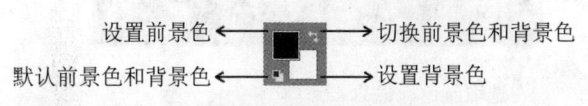

图 4-1 前景色和背景色设置工具

在颜色选取框中，单击"切换前景色和背景色"图标，系统会自动在前景色与背景色之间进行切换。

4.1.1 拾色器

在工具栏中单击前景色或背景色色块，都可以打开"拾色器"对话框，例如单击前景色色块得到如图 4-2 所示的"拾色器（前景色）"对话框。在该对话框中选择颜色时，会同时显示 HSB、RGB、Lab、CMYK 模式下的色彩数值及相应的十六进制颜色数值，这对于查看各种颜色模型及描述颜色的方式都非常有用。

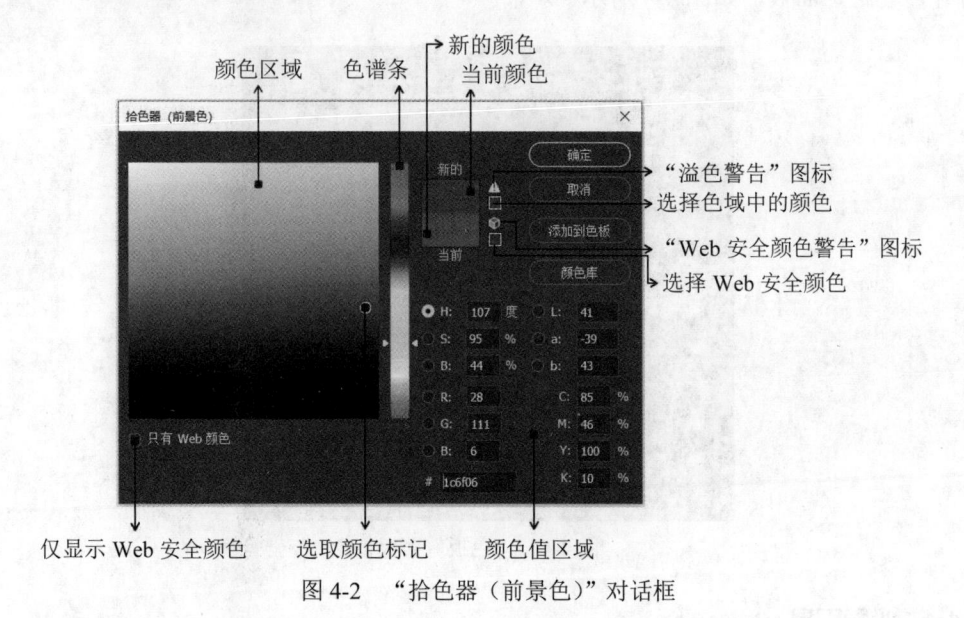

图 4-2 "拾色器（前景色）"对话框

4.1.2 "颜色"面板

在菜单栏上执行"窗口"→"颜色"命令或按快捷键 F6，即可打开"颜色"面板，如图 4-3 所示。

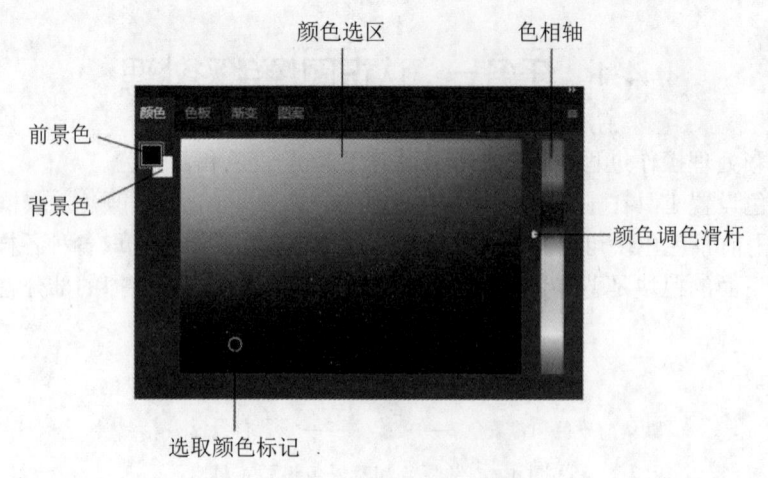

前景色
背景色
颜色选区
色相轴
颜色调色滑杆
选取颜色标记

图 4-3 "颜色"面板

4.1.3 "色板"面板

"色板"是 Photoshop 中色块的集合，它存储了系统预设的颜色或用户自定义的颜色。利用色板可以存储经常使用的颜色，可以根据色块颜色设置前景色及背景色，可以根据不同的需要创建不同的颜色组，可以将色块应用到文本图层或形状图层或其他像素图层等。总之，通过色板能够方便、快捷地对色块进行管理与应用，对提高设计效率具有重要意义。

在菜单栏上执行"窗口"→"色板"命令或在"颜色"选项卡上单击"色板"选项卡，即可打开"色板"面板，如图 4-4 所示。

图 4-4 "色板"面板

4.1.4 吸管工具

使用吸管工具 ，可以直接从图像中拾取某一点的颜色，或者以拾取点周围的平均色进行颜色取样，所得到的颜色会在前景色色块中显示；当然，在拾取色样的同时按住 Alt 键，可以把拾取的颜色设置为背景色。

在使用"吸管工具"时,可以在属性栏中设置相关参数,以便更准确地选取颜色。如图 4-5 所示,可以在属性栏上设置取样大小、样本及是否显示取样环。其中"取样大小"下拉列表框中有 7 种取样方式供用户选择,如图 4-6 所示。

图 4-5 吸管工具属性栏

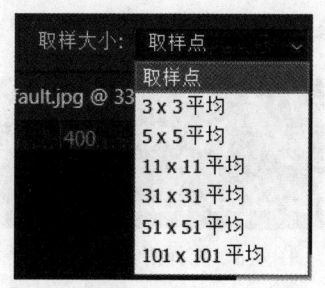

图 4-6 "取样大小"下拉列表框

取样点:默认设置,表示对当前的像素点进行取样,使用该方式所选取的颜色可以精确到一个像素点的颜色。

3×3 平均:表示以 3×3 个像素的平均值来定义前景色或背景色。

5×5 平均:表示以 5×5 个像素的平均值来定义前景色或背景色。

11×11 平均:表示以 11×11 个像素的平均值来定义前景色或背景色。

51×51 平均:表示以 51×51 个像素的平均值来定义前景色或背景色。

101×101 平均:表示以 101×101 个像素的平均值来定义前景色或背景色。

4.2 任务二 裁剪和变换图像

4.2.1 认识裁剪工具

通过裁剪工具，在选择图像的某个区域后,可以移除或裁剪掉所选区域外的所有内容,在操作过程中还可以对图像进行旋转、设置裁剪区域图像的分辨率等操作,图 4-7 所示为裁剪工具属性栏。

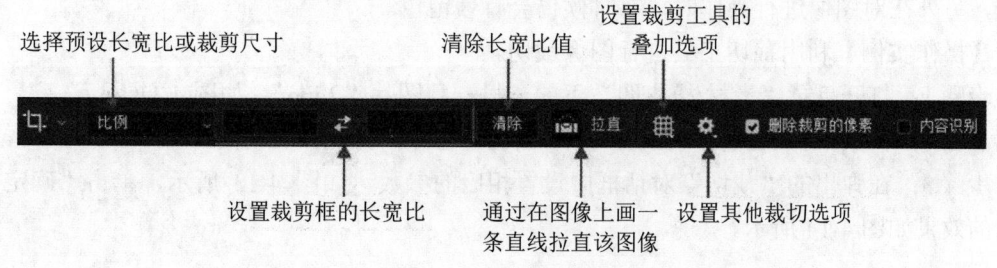

图 4-7 裁剪工具属性栏

4.2.2 图像的裁剪

裁剪是移去部分图像以形成突出或加强构图效果的过程,可以使用裁剪工具来裁剪图像,修正歪斜的照片。

【操作实例】利用裁剪工具进行图像的裁剪。

步骤 1:打开目录"素材/模块四"下的背影图片"1.jpg"。

步骤 2:在工具栏中选择"裁剪工具",如图 4-8 所示,并在所需操作的图像上进行裁剪,如图 4-9 所示,裁剪后的效果如图 4-10 所示。

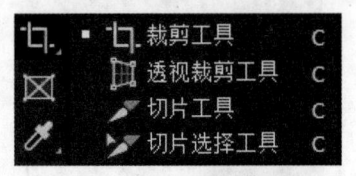

图 4-8 选择"裁剪工具"

图 4-9 在图像上进行裁剪

图 4-10 裁剪后的图像效果

4.2.3 图像的裁切

Photoshop 裁切工具其实也是一种裁剪,它的作用是裁掉边缘颜色相同的区域。需要注意的是,裁切工具只能自动作用于整张图片,无法进行选区操作,另外在对图像进行操作时,有时候仍会有残留色。

【操作实例】利用裁切工具进行图像裁切。

步骤 1:打开目录"素材/模块四"下的一村一品图片"2.jpg",如图 4-11 所示。

步骤 2:在菜单栏上执行"图像"→"裁切"命令,如图 4-12 所示。

步骤 3:在弹出的"裁切"对话框中设置相应的参数,如图 4-13 所示,单击"确定"按钮后的效果如图 4-14 所示。

模块四　图像

图 4-11　需要操作的图片

图 4-12　选择"裁切"

图 4-13　设置相应的参数

图 4-14　裁切后的图像效果

4.2.4　图像的自由变换

自由变换工具是指可以通过自由旋转、比例、倾斜、扭曲、透视和变形工具来变换对象的工具。Photoshop 的自由变换工具的快捷键为 Ctrl+T，功能键有 Ctrl、Shift、Alt，其中 Ctrl 键用于控制图像的自由变化；Shift 键用于等比调整图像的大小；Alt 键用于控制图像中心对称。

图像的自由变换

【操作实例】利用自由变换工具进行图像的自由变换。

步骤 1：打开目录"素材/模块四"下的贺卡图片"3.jpg"，如图 4-15 所示。

图 4-15　需要操作的图片

步骤 2：打开目录"素材/模块四"下的相片图片"4.jpg"，使用"移动工具"将所需操作的图像移动到相册图像上，如图 4-16 所示。

图 4-16　移动后的图像

步骤 3：在菜单栏中选择"编辑"→"自由变换"（或按 Ctrl+T 快捷键），如图 4-17 所示，此时图像四周将出现控点，如图 4-18 所示。

步骤 4：将鼠标指针移至图像任一边缘，当鼠标指针变成双向箭头时按住鼠标左键调整图像大小，然后使用"移动工具"将其移动到相应的位置并做适当的旋转，如图 4-18 所示。

图 4-17　选择"自由变换"　　　　图 4-18　将移动过来的图像进行变形和移动

步骤 5：结合 Shift 键调整图像下边缘位置，结合 Ctrl 键微调图像四周的控点，得到最终的效果，如图 4-19 所示。

图 4-19　最终效果图

4.2.5 图像的变形

图像的变形是指图层通过各种变形、扭曲、弯曲等方式来改变图层效果，也可以对图层的某一部分进行变形。

【操作实例】利用"变换"命令来进行图像的缩放、旋转、斜切、扭曲、透视、变形、翻转等变换。

步骤1：打开目录"素材/模块四"下的瀑布图片"5.jpg"，如图4-20所示。

图4-20 需要操作的图片

步骤2：在菜单栏中选择"编辑"→"变换"，如图4-21所示，选择合适的变换方式，进行各种变换。经过变换后的图片效果如图4-22至图4-29所示。

图4-21 选择变换的方式

图 4-22　经过缩放后的图片效果

图 4-23　经过旋转后的图片效果

图 4-24　经过斜切后的图片效果

图 4-25　经过扭曲后的图片效果

图 4-26　经过透视后的图片效果

图 4-27　经过变形后的图片效果

图 4-28　经过水平翻转后的图片效果

图 4-29　经过垂直翻转后的图片效果

4.2.6 改变图像的大小

使用 Photoshop 的"图像大小"功能，可以修改图像的大小，但会破坏原有图像的品质。它是指缩小或扩大当前文件的内容，作用于整个文件，而不仅仅作用于当前图层，但内容本身没有发生任何变化。

【操作实例】利用"图像大小"命令来改变图像的大小。

步骤1：打开目录"素材/模块四"下的乡村振兴图片"6.jpg"，如图 4-30 所示。

图 4-30　需要操作的图片

步骤2：在菜单栏中选择"图像"→"图像大小"，如图 4-31 所示。

图 4-31　选择"图像大小"

步骤3：在弹出的"图像大小"对话框中改变"图像大小"的值，如图 4-32 所示，单击"确定"按钮后即可调图像的大小，如图 4-33 所示。

图 4-32　改变图像大小的值

图 4-33　效果图

4.3　任务三　应用图像的色彩调整

图像的色彩调整在整个图片的处理过程中是非常重要的一个环节。在图像的色彩调整中，通过单击"图像"→"调整"，可以选择多种方式对图像进行色彩调整，调整色彩的方式如图 4-34 所示。

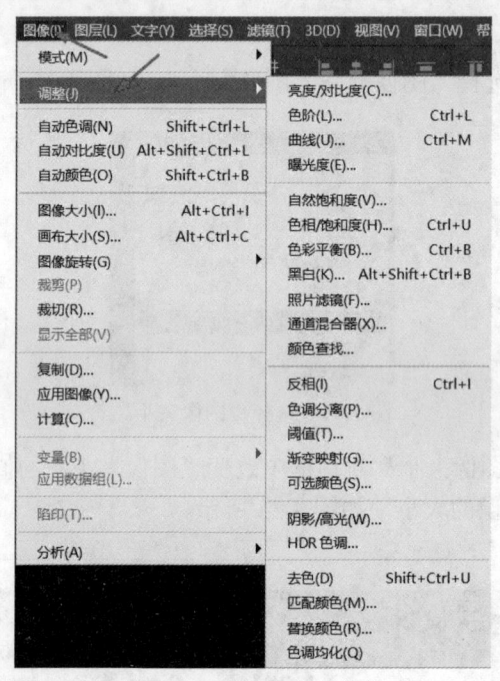

图 4-34　调整色彩的方式

4.3.1　图像色彩调整命令

图像色彩调整命令

1. 可选颜色

"可选颜色"是 Photoshop 中一条关于色彩调整的命令，该命令可以对图像限定颜色区域的各像素中的青色、洋红、黄色、黑色进行调整，从而不影响其他颜色（非限定颜色区域）的表现。

【操作实例】利用"可选颜色"工具来调节图像色彩。

步骤 1：打开目录"素材/模块四"下的苹果图片"7.jpg"。

步骤 2：在菜单栏中选择"图像"→"调整"→"可选颜色"，如图 4-35 所示，在弹出的"可选颜色"对话框中调整颜色的值，如图 4-36 所示。

图 4-35　选择"可选颜色"　　　　图 4-36　"可选颜色"对话框

步骤 3：完成上述步骤后，原图和调整后的图像分别如图 4-37 和图 4-38 所示。

图 4-37　原图示例　　　　图 4-38　使用"可选颜色"调整后的图像效果

2. 渐变映射

Photoshop 的"渐变映射"命令可以将相等的图像灰度范围映射到指定的渐变填充色，例如指定双色渐变填充，将图像中的阴影映射到渐变填充的一个端点颜色，高光映射到另一个端点颜色，而中间调映射到两个端点颜色之间的渐变。

【操作实例】利用"渐变映射"工具来调节图像色彩。

步骤 1：打开目录"素材/模块四"下的苹果图片"7.jpg"。

步骤 2：在菜单栏中选择"图像"→"调整"→"渐变映射"，在弹出的"渐变映射"对话框中设置渐变颜色，如图 4-39 所示。

步骤 3：完成上述步骤后，原图和调整后的图像分别如图 4-40 和图 4-41 所示。

图 4-39　"渐变映射"对话框

图 4-40　原图示例　　　　图 4-41　使用"渐变映射"调整后的图像效果

3. 反相

反相就是将图像的色相反转，一幅图像上有很多种颜色，将每种颜色都转换成各自的补色，相当于将这幅图像的色相旋转了 180°，原来的黑色会变成白色，白色会变成黑色。反相的快捷键为 Ctrl+I。

【操作实例】利用"反相"工具来调节图像色彩。

步骤 1：打开目录"素材/模块四"下的苹果图片"7.jpg"。

步骤 2：在菜单栏中选择"图像"→"调整"→"反相"，原图与调整后的图像分别如图 4-42 和图 4-43 所示。

图 4-42　原图示例　　　　图 4-43　使用"反相"调整后的图像效果

4. 色调均化

图像过暗或过亮时，可以使用"色调均化"命令通过平均值调整图像的整体亮度。使用"色调均化"命令可以重新分布图像中像素的亮度值，使 Photoshop 图像均匀地呈现所有范围的亮度值。

【操作实例】利用"色调均化"工具来调节图像色彩。

步骤 1：打开目录"素材/模块四"下的苹果图片"7.jpg"。

步骤 2：在菜单栏中选择"图像"→"调整"→"色调均化"，原图和调整后的图像分别如图 4-44 和图 4-45 所示。

图 4-44　原图示例　　　　　　　　图 4-45　使用"色调均化"调整后的图像效果

5. 色调分离

Photoshop 中的"色调分离"命令可以指定图像中每个通道的色调级（或亮度值）的数量，并将这些像素映射为最接近的匹配色调上。如果将 RGB 图像中的通道设置为只有两个色调，那么 Photoshop 图像只能产生六种颜色，即两种红色、两种绿色和两种蓝色。

【操作实例】利用"色调分离"命令来调节图像色彩。

步骤 1：打开目录"素材/模块四"下的苹果图片"7.jpg"。

步骤 2：在菜单栏中选择"图像"→"调整"→"色调分离"，在弹出的"色调分离"对话框中，输入色阶的值或滑动色调滑杆来调整色阶值，如图 4-46 所示。

图 4-46　设置色阶的值

步骤 3：完成上述步骤后，原图和调整后的图像分别如图 4-47 和图 4-48 所示。

图 4-47　原图示例　　　　　　　　图 4-48　使用"色调分离"调整后的图像效果

6. 自动颜色

使用 Photoshop 中的"自动颜色"命令可以自动调整色彩，从而达到一种协调状态。"自动颜色"命令通过搜索实际图像（而不是通道的用于暗调、中间调和高光的直方图）来调整图像的对比度和颜色。它根据在"自动校正选项"对话框中设置的值来中和中间调并剪切白色和黑色像素。

【操作实例】利用"自动颜色"工具来调节图像色彩。

步骤1：打开目录"素材/模块四"下的苹果图片"7.jpg"。

步骤2：在菜单栏中选择"图像"→"自动颜色"，如图4-49所示。

步骤3：完成上述步骤后，原图和调整后的图像分别如图4-50和图4-51所示。

图4-49 选择"自动颜色" 　　图4-50 原图示例 　　图4-51 使用"自动颜色"调整后的图像效果

4.3.2 通道混合器

通道混合器是Photoshop中的一条关于色彩调整的命令，使用该命令可以调整某一个通道中的颜色成分。在菜单栏中执行"图像"→"调整"→"通道混合器"命令，弹出"通道混合器"对话框，如图4-52所示。

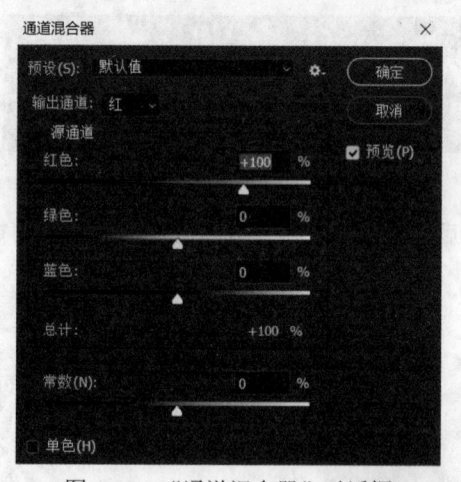

通道混合器

图4-52 "通道混合器"对话框

输出通道：可以选取要在其中混合一个或多个源通道的通道。

源通道：拖动滑杆可以减少或增加源通道在输出通道中所占的百分比，或者在文本框中直接输入-200～+200的数值。

常数：该选项可以将一个不透明的通道添加到输出通道，若为负值则视为黑通道，若为正值则视为白通道。

单色：勾选此复选框对所有输出通道应用相同的设置，创建该色彩模式下的灰度图。

【操作实例】利用"通道混合器"工具来调节图像色彩。

步骤 1：打开目录"素材/模块四"下的小猫图片"8.jpg"。

步骤 2：在菜单栏中选择"图像"→"调整"→"通道混合器"，在弹出的"通道混合器"对话框中，对图像进行相应的调整。

步骤 3：完成上述步骤后，原图和调整后的图像分别如图 4-53 和图 4-54 所示。

图 4-53　原图示例　　　　　　　　图 4-54　选择"通道混合器"后的图像效果

4.3.3　曲线

"曲线"工具是计算机绘图中最复杂的工具，被用来调整图像的色度、对比度和亮度。简单来说：拉动 RGB 曲线可以改变亮度，拉动 CMYK 曲线可以改变油墨。用"曲线"工具可以精确地调整图像，赋予那些原本应当报废的图像新的生命力。

【操作实例】利用"曲线"工具来调节图像色彩。

步骤 1：打开目录"素材/模块四"下的乡村振兴图片"9.jpg"。

步骤 2：在菜单栏中选择"图像"→"调整"→"曲线"（或使用快捷键 Ctrl+M），弹出"曲线"对话框，如图 4-55 所示。

步骤 3：在对话框的曲线的某点上按住鼠标左键，拉动曲线，曲线向上凸变亮，曲线向下凹变暗，如图 4-56 所示。

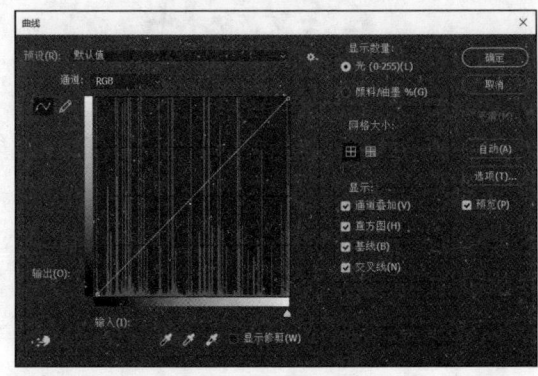

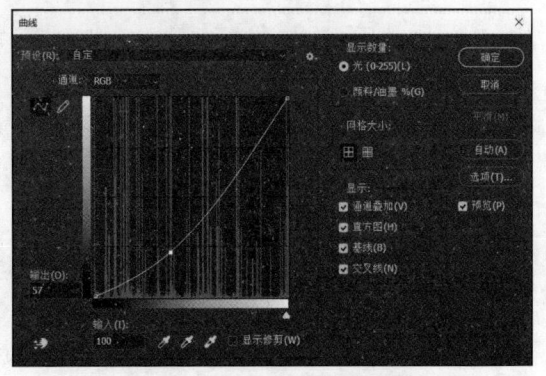

图 4-55　"曲线"对话框　　　　　　图 4-56　调整"曲线"对话框

步骤 4：完成上述步骤后，原图和调整后的图像分别如图 4-57 和图 4-58 所示。

图 4-57　原图示例

图 4-58　使用"曲线"工具后的图像效果

4.3.4　去色

去色，通俗来讲是指将对象（多指图片）的彩色"去掉"，而使用黑、白、灰来还原对象信息，即将彩色图像通过运算转换成灰度图像（用黑、白、灰表达原来的图像）。

【操作实例】利用"去色"工具来调节图像色彩。

步骤 1：打开目录"素材/模块四"下的最美乡村图片"10.jpg"。

步骤 2：在菜单栏中选择"图像"→"调整"→"去色"，原图与调整后的图像分别如图 4-59 和图 4-60 所示。

去色

图 4-59　原图示例

图 4-60　去色后的图像效果

4.3.5　色阶

色阶是表示图像亮度强弱的指数标准，也就是我们说的色彩指数，在数字图像处理教程中，色阶指的是灰度分辨率（又称灰度级分辨率或幅度分辨率）。图像的色彩丰满度和精细度是由色阶决定的。色阶指亮度，和颜色无关，但最亮的只有白色，最不亮的只有黑色。

色阶

【操作实例】利用"色阶"工具来调节图像色彩。

步骤1：打开目录"素材/模块四"下的图片"11.jpg"。

步骤2：在菜单栏中选择"图像"→"调整"→"色阶"，在弹出的"色阶"对话框中进行色阶的调整，如图4-61所示。如果想要使图像变得更亮，可以将白色滑杆和中间的滑杆向左滑动；相反，如果想要使图像变得更暗，可以将黑色滑杆向右滑动。

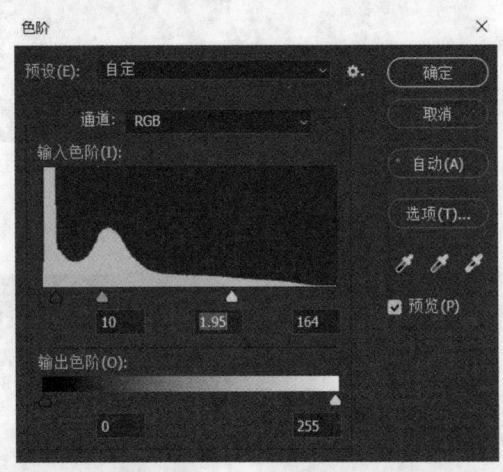

图4-61 调整色阶

步骤3：完成上述步骤后，原图与调整后的图像如图4-62和图4-63所示。

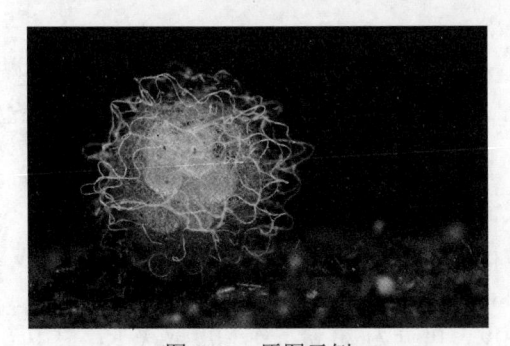

图4-62 原图示例　　　　图4-63 调整色阶后的图像效果

4.3.6 色彩平衡

色彩平衡是Photoshop中的一个重要环节。通过对图像的色彩进行平衡处理，可以校正图像色偏、过度饱和或饱和度不足的情况，也可以根据自己的喜好和制作需要，调制需要的色彩，更好地完成画面效果，其应用于多种软件和图像、视频制作中。

色彩平衡

【操作实例】利用"色彩平衡"工具来调节图像色彩。

步骤1：打开目录"素材/模块四"下的草莓图片"12.jpg"。

步骤2：在菜单栏中选择"图像"→"调整"→"色彩平衡"，在弹出的"色彩平衡"对话框中，滑动滑杆或输入合适的值来调整色彩，如图4-64所示。

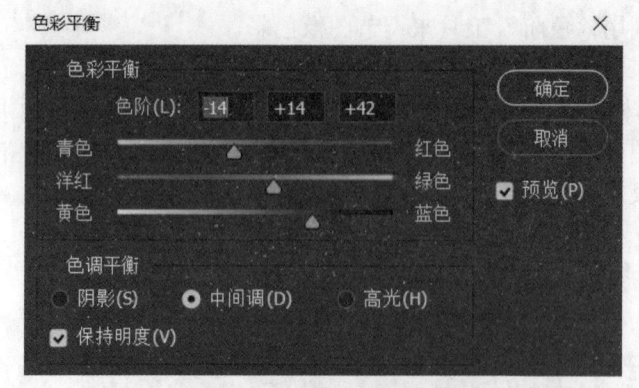

图 4-64 调整色彩平衡

步骤 3：完成上述步骤后，原图与调整后的图像分别如图 4-65 和图 4-66 所示。

图 4-65 原图示例　　　　　　　　图 4-66 调整色彩平衡后的图像效果

4.3.7 色相/饱和度

色相是有彩色的最大特征。所谓色相，是指能够比较具象地表示某种颜色色别的名称，如玫瑰红、橘黄、柠檬黄、钴蓝、群青、翠绿等。从光学物理上来讲，各种色相是由射入人眼的光线的光谱成分决定的。对于单色光来说，色相的面貌完全取决于该光线的波长；对于混合色光来说，则取决于各种波长光线的相对量。物体的颜色是由光源的光谱成分和物体表面反射（或透射）的特性决定的。

饱和度是指色彩的鲜艳程度，也称色彩的纯度，可分为 20 级。饱和度取决于该色中含色成分和消色成分（灰色）的比例。含色成分越大，饱和度越大；消色成分越大，饱和度越小。纯的颜色都是高度饱和的，如鲜红、鲜绿。混合了白色、灰色或其他色调的颜色，是不饱和的颜色，如绛紫、粉红、黄褐等。完全不饱和的颜色根本没有色调，如黑、白之间的各种灰色色彩。

明度是指色彩的亮度或明度。颜色有深浅、明暗的变化。例如，深黄、中黄、淡黄、柠檬黄等黄色在明度上就不一样；紫红、深红、玫瑰红、大红、朱红、橘红等红色在亮度上也不尽相同。这些颜色在明暗、深浅上的不同变化，也就是色彩的又一重要特征。

【操作实例】利用"色相/饱和度"工具来调节图像色彩。

步骤 1：打开目录"素材/模块四"下的蘑菇图片"13.jpg"。

步骤 2：在菜单栏中选择"图像"→"调整"→"色相/饱和度"，在弹出的"色相/饱和度"对话框中，滑动滑杆或输入合适的值来调整色彩，如图 4-67 所示。

模块四 图像

图 4-67 调整色相/饱和度

步骤 3：完成上述步骤后，原图和调整后的图像分别如图 4-68 和图 4-69 所示。

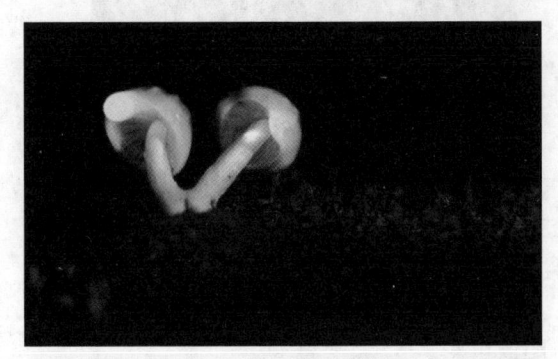

图 4-68 原图示例　　　　　　　　　图 4-69 调整色相/饱和度后的图像效果

4.3.8 亮度/对比度

在使用相机或手机拍照时并不一定总是能得到完美的曝光效果，拍出来的图片要么太暗，要么太亮或对比度不足，或对比度太高，要修正这些曝光问题，最简单的方法就是调整亮度/对比度。亮度是人对光的强度的感受，表示图片的明亮程度。对比度指的是一幅图像中，明暗区域中最亮的白色和最暗的黑色之间的差异程度，明暗区域的差异范围越大代表图像的对比度越高，明暗区域的差异范围越小代表图像的对比度越低。

亮度/对比度

在 Photoshop 中，使用"亮度/对比度"命令进行操作比较直观，可以对图像的亮度和对比度进行直接的调整。但是使用此命令调整图像颜色时，将对图像中所有的像素进行相同程度的调整，从而容易导致图像细节的损失，所以在使用此命令时要防止过度调整图像。

【操作实例】利用"亮度/对比度"工具来调节图像色彩。

步骤 1：打开目录"素材/模块四"下的风景图片"14.jpg"。

步骤 2：在菜单栏中选择"图像"→"调整"→"亮度/对比度"，在弹出的"亮度/对比度"对话框中，滑动滑杆或输入合适的值调整色彩，如图 4-70 所示。

图 4-70　调整亮度/对比度

步骤 3：完成上述步骤后，原图和调整后的图像分别如图 4-71 和图 4-72 所示。

图 4-71　原图示例

图 4-72　调整亮度/对比度后的图像效果

4.3.9　替换颜色

Photoshop 中的"替换颜色"命令，可以通过调整色相、饱和度和亮度参数将图像中指定区域的颜色替换成其他颜色，相当于"色彩范围"命令与"色相/饱和度"命令的综合运用。

替换颜色

【操作实例】利用"替换颜色"工具来调节图像色彩。

步骤 1：打开目录"素材/模块四"下的花与蝴蝶图片"15.jpg"。

步骤 2：在菜单栏中选择"图像"→"调整"→"替换颜色"，在弹出的"替换颜色"对话框中，使用吸管工具选取颜色范围，改变色相、饱和度、颜色等值，如图 4-73 所示，原图和调整后的图像效果分别如图 4-74 和图 4-75 所示。

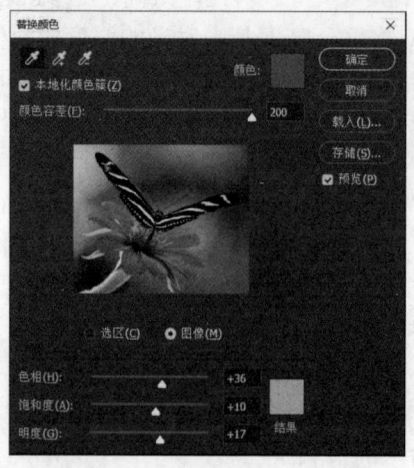

图 4-73　"替换颜色"对话框

图 4-74　原图示例　　　　　　　　图 4-75　调整替换颜色后的图像效果

4.3.10　认识直方图

直方图又称为柱状图，用类似山脉的图形表示图像的每个亮度级别像素的数量，展现了像素在图像中的分布情况，为我们判断图像色调或修图提供了准确的科学依据。需要注意的是，直方图只是数据归纳后的直观展示，但绝不是调整照片的唯一依据。

直方图是二维的，如图 4-76 所示。直方图的横坐标代表亮度级别，包括黑色、阴影、中间调、高光、白色五个等级；纵坐标代表色彩所占像素数量，也称色彩面积，是观察色彩分布多少的一项数据，纵坐标越高，表示这个色彩分布的面积越大。在实际应用中，如果图像的色块偏向于左边，则说明该图像的整体色调偏暗；如果图像的色块偏向于右边，则说明该图像的整体色调偏亮。

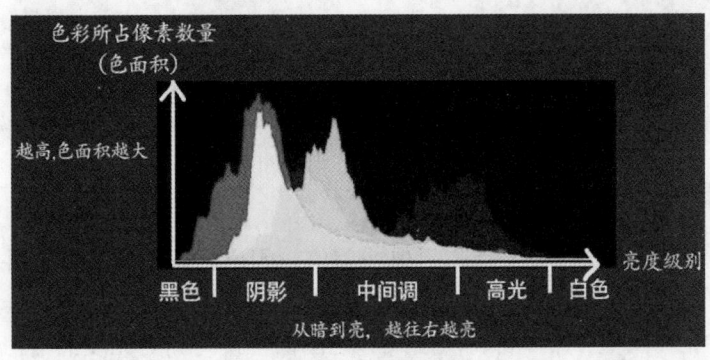

图 4-76　直方图

【操作实例】利用"直方图"工具来查看照片信息并调整照片。

步骤 1：打开目录"素材/模块四"下的菊花图片"16.jpg"。

步骤 2：在菜单栏中选择"窗口"→"直方图"，即可弹出"直方图"面板，如图 4-77 所示，从该照片的直方图中可分析出该照片的曝光度不足（即偏暗）。因此，可以通过"色阶"或"曲线"工具来调整图像暗部和亮部即可得到较好的照片效果。

步骤 3：在菜单栏中选择"图像"→"调整"→"色阶"，在弹出的"色阶"面板中设置输入的色阶数值，如图 4-78 所示。

图 4-77 "直方图"面板　　　　图 4-78 调整色阶

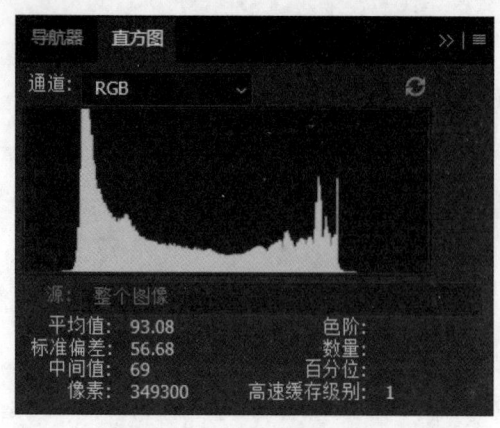

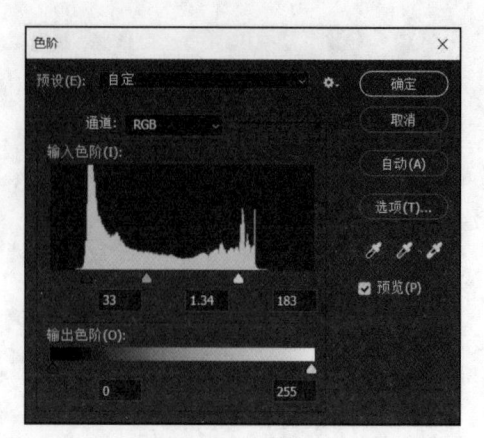

步骤 4：完成上述步骤后，原图和调整后的图像分别如图 4-79 和图 4-80 所示。

图 4-79 原图示例　　　　图 4-80 调整后的图像效果

4.3.11 阈值

阈值在某些图像处理软件中又称临界值或差值。阈值的真正意义：它并不是一个单独存在的概念，而是两个像素之间的差值，差值的范围为 0~255。使用 Photoshop 中的"阈值"命令可将灰度或彩色图像转换为高对比度的黑白图像，可以指定某个色阶作为阈值。所有比阈值亮的像素可以转换为白色，而所有比阈值暗的像素可以转换为黑色。"阈值"命令对确定图像的最亮和最暗区域很有用。

阈值

【操作实例】利用"阈值"工具来调节图像色彩。

步骤 1：打开目录"素材/模块四"下的小狗图片"17.jpg"，如图 4-81 所示。

步骤 2：在"图层"面板中选中图像，右击，在弹出的快捷菜单中选择"复制图层"，如图 4-82 所示。

步骤 3：在菜单栏中选择"图像"→"调整"→"阈值"，在弹出的"阈值"对话框中调整阈值色阶的值，如图 4-83 所示，单击"确定"按钮后的图像效果如图 4-84 所示。

图 4-81 原图示例

图 4-82 复制图层

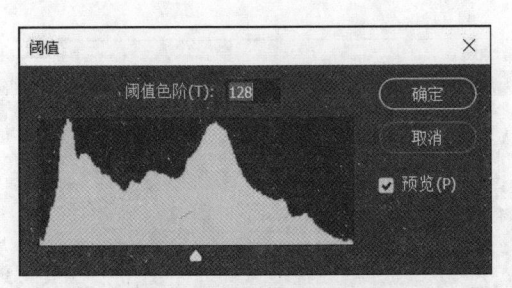

图 4-83 调整阈值色阶的值

图 4-84 调整阈值后的图像效果

步骤 4：在"图层"面板的"设置图层的混合模式"下拉列表框中选择"色相"，如图 4-85 所示，得到如图 4-86 所示的图像效果。

图 4-85 选择"色相"

图 4-86 选择"色相"后的图像效果

4.4 项目实训

4.4.1 情境描述

一个电子商务网站，无论页面内容多么的复杂，网站的风格一定要保持一致性，这是网站设计是否成功的关键所在。其中，网站颜色的统一是保证网站风格一致的重要因素之一。

假如你是一名电子商务广告设计师，需要在某电子商务网站的"卡通"产品页面的一个版位中，插入一张女生卡通图片，为了使该图片与网页背景更加协调，需将卡通女生的头发处理为非黑色。

4.4.2 设计要求

请根据"情境描述"的内容,需要根据网站的风格色调,调整图片的色相及饱和度,并调整头发颜色为蓝绿色。

4.4.3 实现过程

步骤 1:打开目录"素材/模块四"下的女生卡通图片"18.jpg"。

步骤 2:打开素材,在头发处创建选区,如图 4-87 所示。

步骤 3:在菜单栏中选择"图像"→"调整"→"色相/饱和度",在弹出的对话框中调整色相/饱和度的值,如图 4-88 所示。

图 4-87 创建选区

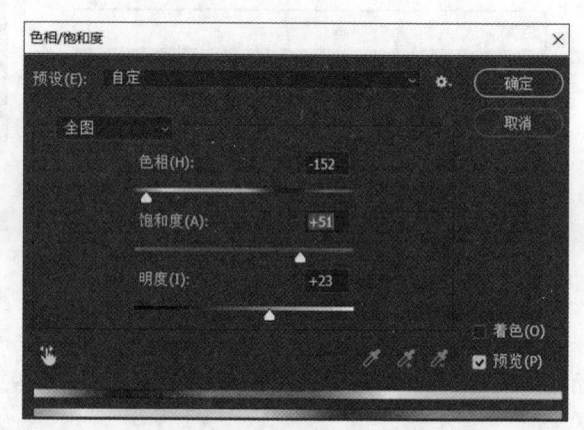

图 4-88 调整色相/饱和度的值

步骤 4:在菜单栏中选择"图像"→"调整"→"替换颜色",采用吸管工具在图像中吸取需替换的颜色,如图 4-89 所示,图像效果如图 4-90 所示。

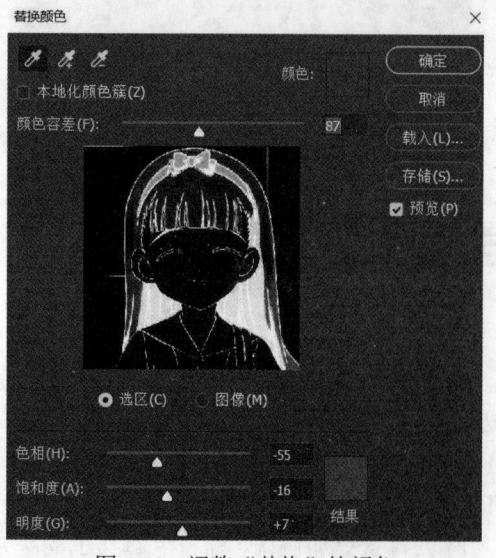

图 4-89 调整"替换"的颜色

图 4-90 最终效果图

习 题

一、选择题

1. 下面对 Photoshop 中吸管工具的描述，不正确的是（　　）。
   A．吸管工具可以从图像中取样来改变前景色和背景色
   B．在默认情况下是改变前景色
   C．如果按住 Alt 键，可以改变背景色
   D．如果按住 Ctrl 键，可以改变背景色
2. 构成位图图像的最基本单位是（　　）。
   A．颜色　　　　　　　　　　B．通道
   C．图层　　　　　　　　　　D．像素
3. 渲染/光照效果只对（　　）图像起作用。
   A．LAB　　　　　　　　　　B．CMYK
   C．RGB　　　　　　　　　　D．索引
4. （　　）工具可以用来调节图像的饱和度。
   A．涂抹　　　　　　　　　　B．海绵
   C．模糊　　　　　　　　　　D．锐化
5. 在用 Photoshop 编辑图像时，可以还原多步操作的面板是（　　）。
   A．“动作”面板　　　　　　　B．“路径”面板
   C．“图层”面板　　　　　　　D．“历史记录”面板
6. 编辑图像时，只能用来选择规则图形的工具是（　　）。
   A．矩形选框工具　　　　　　B．魔棒工具
   C．钢笔工具　　　　　　　　D．套索工具
7. 在给图形外部进行描边时，应注意"图层"面板中的（　　）选项不被勾选。
   A．"混合"　　　　　　　　　B．"锁定透明像素"
   C．"锁定图层"　　　　　　　D．"锁定编辑"
8. HSB 模式中的 H、S、B 各代表（　　）。
   A．色相、亮度、饱和度　　　B．饱和度、亮度、色相
   C．亮度、色相、饱和度　　　D．色相、饱和度、亮度
9. 当使用绘图工具时，图像只有符合（　　）条件才可选中 Behind（背后）模式。
   A．这种模式只在有透明区域层时才可选中
   B．当图像的色彩模式是 RGB 模式时才可选中
   C．当图像上新增加通道时才可选中
   D．当图像上有选区时才可选中
10. 既可以调整图像的对比度，又可以调整图像的亮度，可以按（　　）键。
    A．Ctrl+I　　　B．Ctrl+U　　　C．Ctrl+M　　　D．Ctrl+L

二、判断题

1. 模糊工具可以降低相邻像素的对比度且其强度是可以调整的。（   ）
2. 反相命令不能对灰度图使用。（   ）
3. 在直方图中，峰顶所在的地方表示此色阶处拥有的像素较多。（   ）
4. "色阶"直方图只可以用来观察，不可以进行修改。（   ）
5. Photoshop 中的"曲线"色彩调整命令可提供最精确的调整。（   ）
6. 色相指的是图像颜色的明暗度，饱和度指的是图像颜色的鲜艳程度。（   ）
7. 调整图像亮度时，用色阶调整和自动色阶调整完全一样。（   ）
8. "色阶"对话框中的"输入色阶"区域用于显示当前的数值。（   ）

三、思考题

1. 什么是色阶？它有什么作用？
2. 图像色彩调整中的"可选颜色"命令的作用是什么？
3. 直方图的作用是什么？

拓 展 训 练

任务：根据提供的素材，运用所学知识更换人像裙子的颜色，更换前的原图和更换后的图像效果分别如图 4-91 和图 4-92 所示。

图 4-91　人像裙子颜色更换前

图 4-92　人像裙子颜色更换后

模块五　图　　层

学习目标

知识目标：
- 理解图层的含义并熟悉图层的分类。
- 掌握选择图层的方法并熟悉"图层"面板的结构。
- 掌握图层混合模式的含义、分类和使用方法。
- 掌握图层样式的含义、分类和使用方法。

能力目标：
- 能够对图层进行基本的操作。
- 能够根据需求应用图层混合模式合成图像。
- 能够根据需求应用图层样式合成图像。

素质目标（含"课程思政"目标）：
- 培养学生严谨细致、一丝不苟的工作态度和精益求精的工匠精神。
- 帮助学生树立正确的劳动观，引导学生崇尚劳动、尊重劳动。

知识导图：

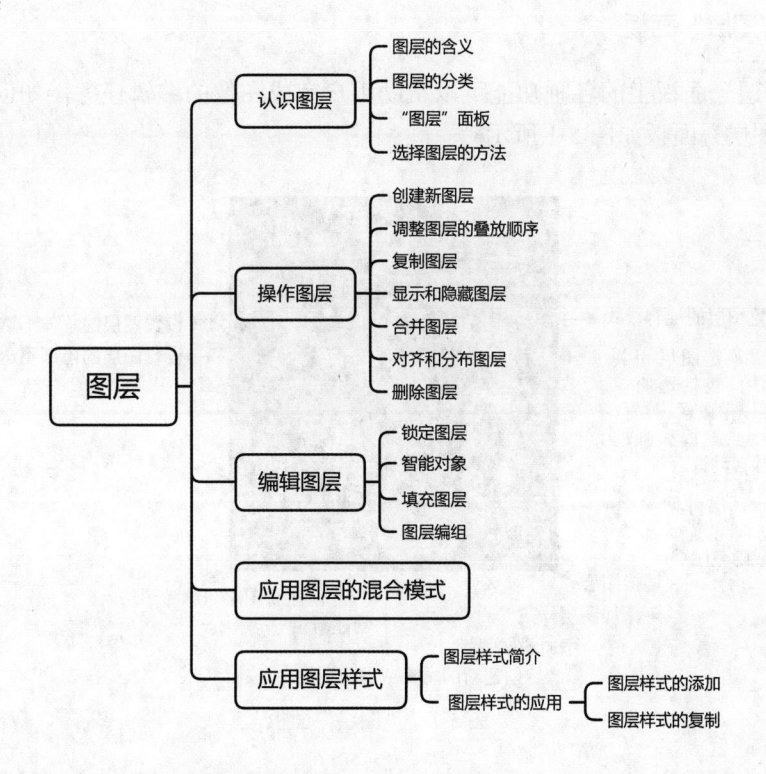

```
                    ┌── 图层的含义
                    ├── 图层的分类
        ┌─ 认识图层 ─┤
        │           ├── "图层"面板
        │           └── 选择图层的方法
        │
        │           ┌── 创建新图层
        │           ├── 调整图层的叠放顺序
        │           ├── 复制图层
        ├─ 操作图层 ─┤── 显示和隐藏图层
        │           ├── 合并图层
        │           ├── 对齐和分布图层
        │           └── 删除图层
 图层 ──┤
        │           ┌── 锁定图层
        │           ├── 智能对象
        ├─ 编辑图层 ─┤
        │           ├── 填充图层
        │           └── 图层编组
        │
        ├─ 应用图层的混合模式
        │
        │                ┌── 图层样式简介
        └─ 应用图层样式 ──┤                    ┌── 图层样式的添加
                         └── 图层样式的应用 ──┤
                                             └── 图层样式的复制
```

5.1 任务一 认识图层

5.1.1 图层的含义

图层是一些可以绘制和存放图像的透明层。在处理图像时，几乎都要用到图层。图层是 Photoshop 中最为重要的内容，图像就像是由多层透明胶片堆叠起来的，用户可以任意地在某一图层上进行编辑，而不影响其他图层上的图像。

5.1.2 图层的分类

图层的基本类别有以下七类。

（1）"背景"图层："背景"图层不可以调节图层顺序，永远在最下边，不可以调节不透明度和添加图层样式及蒙版。可以使用画笔、渐变、图章和修饰工具。

（2）普通图层：可以进行一切操作。

（3）调整图层：在不破坏原图的情况下，可以对图像的色相、色阶、曲线等进行操作。

（4）填充图层：填充图层也是一种带蒙版的图层，内容为纯色、渐变和图案，可以转换成调整图层，可以通过编辑蒙版，制作融合效果。

（5）文字图层：通过文字工具来创建。文字图层不可以进行滤镜、图层样式等的操作。

（6）形状图层：可以通过形状工具和路径工具来创建，内容被保存在它的蒙版中。

（7）智能对象：智能对象实际上是指向其他 Photoshop 的一个指针，当更新源文件时，这种变化会自动反映到当前文件中。

5.1.3 "图层"面板

使用"图层"面板上的各种功能可以帮助用户完成图像的编辑任务，如创建、复制、删除图层等，"图层"面板如图 5-1 所示。

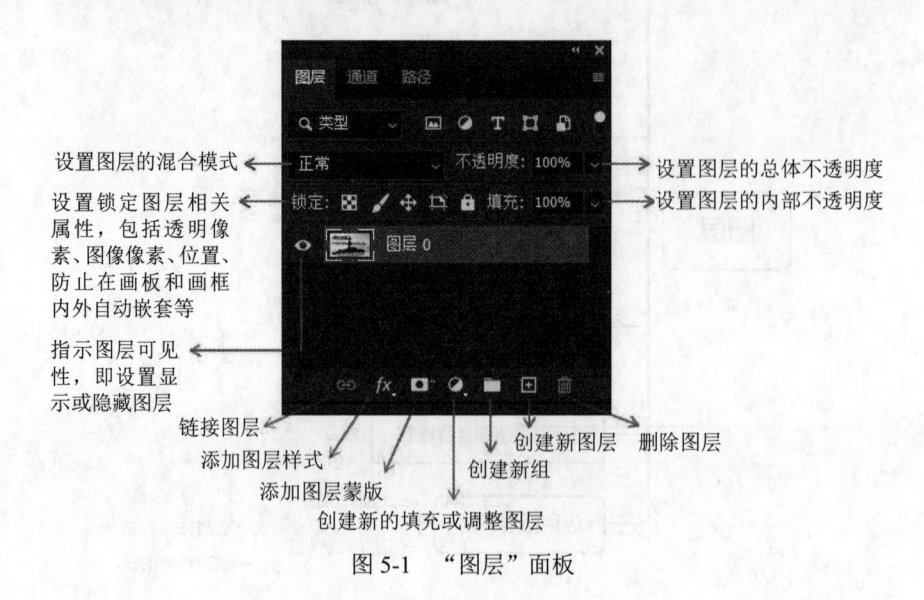

图 5-1 "图层"面板

（1）指示图层可见性：当图层最左侧显示"眼睛"图标 时，表示该图层处于可见状态。在"眼睛"图标上单击，就可以将该图层隐藏起来；再次单击"指示图层可见性"按钮，恢复图层可见状态。

（2）链接图层：当选中两个或两个以上的图层后，单击"链接图层"按钮可以将选中的图层链接起来进行操作。

（3）添加图层样式：单击"图层"面板下面的"添加图层样式"按钮，可以设置图层样式，还可以对图层进行混合选项、斜面和浮雕、描边、内阴影、内发光、光泽、颜色叠加、渐变叠加、图案叠加、外发光、投影等设置。

（4）添加图层蒙版：单击"图层"面板下面的"添加图层蒙版"按钮，可以在当前图层上添加图层蒙版，若事先在图像中创建了选区，单击该按钮，则可以对选区添加蒙版。蒙版能随时被删除，对底图毫无影响。

（5）创建新的填充或调整图层：单击"图层"面板下面的"创建新的填充或调整图层"按钮，可以为当前图层创建填充图层或调整图层。填充或调整的图层效果可以随时删掉，对其他图层没有影响。

（6）创建新组：单击"图层"面板下面的"创建新组"按钮，可以建立一个包含多个图层的图层组，并能将这些图层作为一个对象进行移动、复制等操作。

（7）创建新图层：单击"图层"面板下面的"创建新图层"按钮，可以在当前图层上方创建一个新图层。

（8）删除图层：单击"图层"面板下面的"删除图层"按钮，可以删除当前图层。

5.1.4 选择图层的方法

选择图层的方法有以下四种。

（1）将鼠标指针放置在所需要选择图层的画面上，右击，画面上就会出现位于该位置的图层名，最后在"图层"面板上选择所需要的图层即可。

（2）在 Photoshop 中选择"移动工具"，勾选"自动选择"复选框，并在其后的选择框中选择"图层"。这时在要选择的图层上单击某个像素，该图层即被选中。

（3）将鼠标指针放置在所需要选择图层的画面上，然后按住 Ctrl 键单击，就能快速选择该画面所在图层。

（4）在"图层"面板中选择多个图层：按 Shift 键选中连续多个图层；按 Ctrl 键选中不连续多个图层；选中多个图层后，按组合键 Ctrl+G 可将选中的图层组合。

5.2 任务二 操 作 图 层

5.2.1 创建新图层

【操作实例】创建新图层。

步骤1：打开目录"素材/模块五"下的图片"1.jpg"。

步骤2：在"图层"面板中单击菜单按钮，在弹出的控制菜单中选择"新建图层"命令，此时弹出"新建图层"对话框，如图 5-2 所示；当然也可以直接使用快捷键 Shift+Ctrl+N 调出

创建新图层

"新建图层"对话框。

步骤 3：在"新建图层"对话框中设置图层名称、颜色、模式、不透明度等各项属性值后，单击"确定"按钮，此时在"图层"面板中就会产生一个新的图层，如图 5-3 所示。

说明：除了通过上述步骤创建新图层外，还可以直接单击图层面板右下的"创建新图层"按钮 来创建新图层。

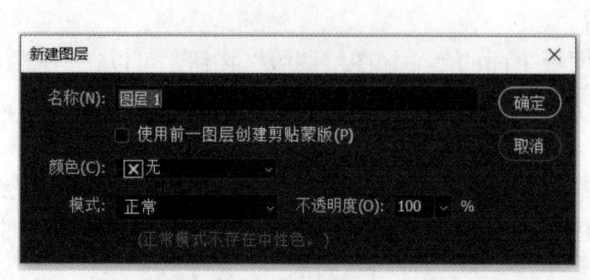

图 5-2 "新建图层"对话框

图 5-3 新建图层后的结果

5.2.2 调整图层的叠放顺序

图层的叠放顺序将直接影响图像显示效果，上方的图层总是遮盖其底下的图层。因此，在编辑图像时，经常以调整各图层之间的叠放顺序来实现显示效果。

调整图层的叠放顺序

【操作实例】调整图层的叠放顺序。

步骤 1：打开目录"素材/模块五"下的图片"2.png"，在"图层"面板中双击该图层，并将图层命名为"草莓"，如图 5-4 所示。

步骤 2：新建名称为"香蕉"的图层，并选中该图层，如图 5-5 所示。

图 5-4 "草莓"图层

图 5-5 新建"香蕉"图层

步骤 3：执行菜单栏中的"文件"→"置入嵌入对象"命令，置入目录"素材/模块五"下的图片"3.png"，此时便可看到图像的合成效果，如图 5-6 所示。

步骤 4：在"图层"面板中，选中"香蕉"图层，并按住鼠标左键把"香蕉"图层叠放到"草莓"图层下方，如图 5-7 所示。

步骤 5：图层叠放顺序调整完成后，此时图像的合成效果如图 5-8 所示。

图 5-6　图像的合成效果

图 5-7　调整图层的叠放顺序

图 5-8　调整图层的叠放顺序后图像的合成效果

5.2.3　复制图层

【操作实例】复制图层。

步骤 1：打开目录"素材/模块五"下的图片"4.jpg",如图 5-9 所示。

图 5-9　原图示例

步骤 2：在"图层"面板中，选中"图层 0"，然后单击菜单栏中的"图层"→"复制图层"选项，如图 5-10 所示，此时将会弹出"复制图层"对括框，如图 5-11 所示。

图 5-10 单击"复制图层"　　　　　图 5-11 "复制图层"对话框

步骤 3：在弹出的"复制图层"对话框中，设置好复制图层的属性值后单击"确定"按钮即完成图层的复制，效果如图 5-12 所示。

图 5-12 复制图层的最终效果

重点提示：在实际的应用中，通常使用快捷键 Ctrl+J 来快速复制图层。

5.2.4 显示和隐藏图层

【操作实例】显示和隐藏图层。

步骤 1：打开目录"素材/模块五"下的图片"5.jpg"，如图 5-13 所示。

显示和隐藏图层

图 5-13 原图示例

步骤 2：单击"指示图层可见性"的"眼睛"图标 ，此时会看到该图标消失，同时画布中的图像也消失了，如图 5-14 所示；如果要显示该图层的图像，则再单击"指示图层可见性"按钮即可。

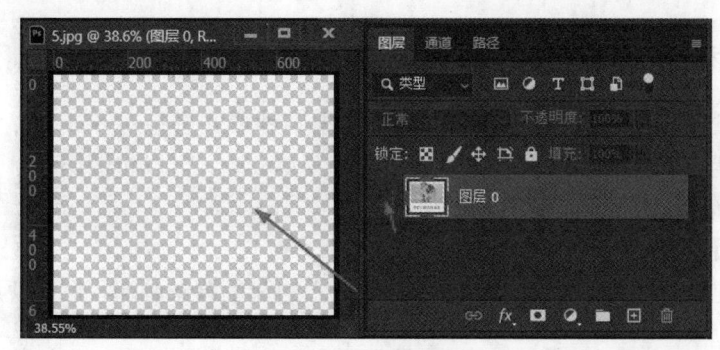

图 5-14 隐藏图层

5.2.5 合并图层

对图片操作完成、定稿的时候一般会留一张合并的图片和一张分层的图片，这个时候就需要运用到图层的合并。

【操作实例】合并图层。

步骤 1：打开目录"素材/模块五"下的图片"6.psd"，如图 5-15 所示。

合并图层

图 5-15 打开需合并图层图片

步骤 2：在"图层"面板中，选中所有图层后右击，在弹出的快捷菜单中选择"合并图层"命令，此时，我们会看到图像的效果没有发生变化，但被选中的图层却被合并为一个图层了，如图 5-16 所示。

图 5-16 合并图层后的效果

5.2.6 对齐和分布图层

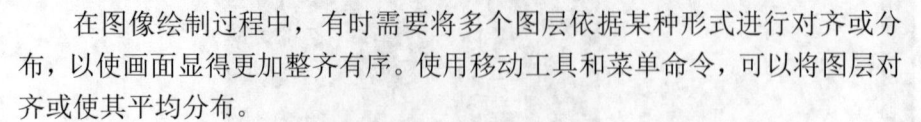

在图像绘制过程中，有时需要将多个图层依据某种形式进行对齐或分布，以使画面显得更加整齐有序。使用移动工具和菜单命令，可以将图层对齐或使其平均分布。

【操作实例】对齐或分布图层。

步骤 1：新建一个宽为 600 像素、高为 200 像素的绿色背景画布，然后使用横排文字工具输入文字，如图 5-17 所示。

图 5-17　输入文字

步骤 2：选中所有文字图层，然后在菜单栏上执行"图层"→"对齐"命令，此时，会发现有顶边、垂直居中、底边、左边、水平居中、右边等 6 种对齐方式，当选择"顶边"对齐方式后，得到的效果如图 5-18 所示。

图 5-18　"顶边"对齐效果

步骤 3：在菜单栏上执行"图层"→"分布"→"右边"命令，此时会看到文字图层在水平方向的距离相等，效果如图 5-19 所示。

图 5-19　按右分布后的效果

5.2.7 删除图层

删除图层的操作比较简单，只需选中要删除的图层，然后右击，在弹出的快捷菜单中执行"删除图层"命令即可，或者直接单击"图层"面板上的"删除图层"按钮。

5.3 任务三 编辑图层

5.3.1 锁定图层

锁定图层可以防止手误操作,在处理图片过程中经常用到。"锁定"命令有锁定透明像素、锁定图像像素、锁定位置、防止在画板和画框内外自动嵌套、锁定全部等五项,在实际的应用中,"锁定全部"命令应用最多。

【操作实例】锁定图层。

步骤1:打开目录"素材/模块五"下的图片"7.psd",如图5-20所示。

图 5-20 打开多图层文件

步骤2:在"图层"面板中选中"香蕉"图层,然后单击"锁定全部"按钮,此时在"香蕉"图层右侧出现"小锁"图标,说明"香蕉"图层已经被锁定了,如图5-21所示,如果想解除图层锁定,则再次单击"锁定全部"按钮即可。

图 5-21 锁定"香蕉"图层

5.3.2 智能对象

智能对象可以实现图层缩放的无损处理，即对图层执行非破坏性编辑，可以放大或缩小图片而不会影响其清晰度，栅格化后便可以加入滤镜效果。

【操作实例】转换为智能对象图层操作。

步骤1：打开目录"素材/模块五"下的图片"8.jpg"，双击"图层"面板中的"背景"图层，把该图层转换成普通图层"图层0"，如图5-22所示。

图 5-22　打开需操作的图片

步骤2：在菜单栏上执行"图像"→"图像大小"命令，在弹出的"图像大小"对话框中，设置限制长宽比并调整宽度为70像素，如图5-23所示，设置完成后会发现图像变得非常小了。

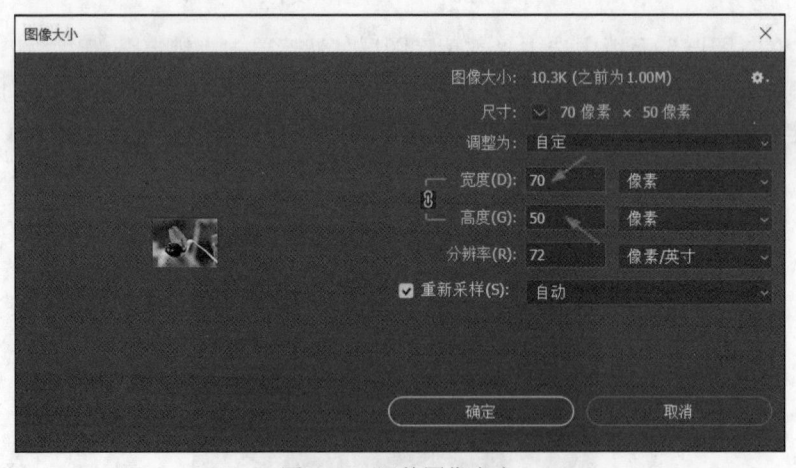

图 5-23　调整图像大小

步骤3：将图像的宽度调整回原来的宽度，即700像素，此时会看到图像开始变得模糊，如图5-24所示。

步骤4：如果在完成步骤2的操作后，在菜单栏上执行"图层"→"智能对象"→"转换为智能对象"命令，此时，该图层就被转换为智能对象图层了，同时会看到智能对象图层缩略图下方出现一个小图标，如图5-25所示。

图 5-24　放大图像　　　　　　　　图 5-25　转换为智能对象图层

步骤 5：按照步骤 2、步骤 3 操作完成后，我们会惊讶地发现，图像依然比较清晰。

5.3.3　填充图层

填充图层就是给某一图层上色。

【操作实例】填充图层。

步骤 1：打开目录"素材/模块五"下的图片"9.psd"。

步骤 2：选中要进行颜色填充的图层，然后在菜单栏上选择"图层"→"新建填充图层"子菜单，这里有纯色、渐变和图案三种供选择，如图 5-26 所示。

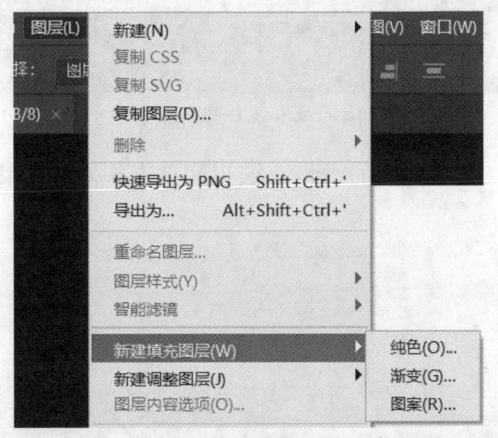

图 5-26　新建填充图层

步骤 3：这里选择"纯色"填充，弹出"新建图层"对话框，可以设置新建图层的名称、颜色、模式、不透明度等属性，如图 5-27 所示。

图 5-27　"新建图层"对话框

步骤 4：单击"确定"按钮后，弹出"拾色器"对话框，如图 5-28 所示，在对话框中设置填充颜色，默认为前景色，完成后的填充效果如图 5-29 所示。

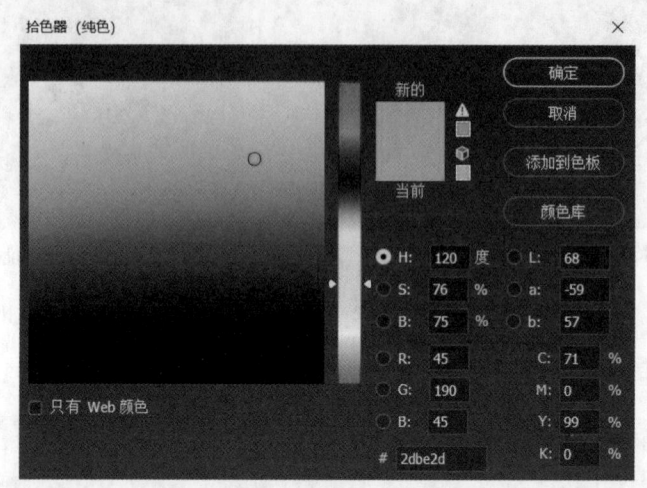

图 5-28 "拾色器"对话框

图 5-29 纯色填充效果

步骤 5："渐变"和"图案"填充的操作方法与此基本相同，效果如图 5-30 和图 5-31 所示。

图 5-30 渐变填充效果

图 5-31 图案填充效果

5.3.4 图层编组

在图形图像制作过程中，图层组应用得非常多，它既能有效组织和管理各个图层，又可以缩短"图层"面板的占用空间。在一个 PSD 文档中，如果图层过多，则会导致"图层"面板拉得很长，使查找图层很不方便。另外，可根据制作内容将相关的图层放置在同一个图层组中，需要的时候展开该图层组，不需要的时候就将其折叠起来，这样可以使图层管理更加有序，而且能在一定程度上提高图形图像制作与处理效率。

【操作实例】图层编组。

步骤 1：打开目录"素材/模块五"下的图片"10.psd"。

步骤 2：在"图层"面板中单击 "创建新组"按钮即可创建一个新组，如图 5-32 所示，或者执行菜单上的"图层"→"新建"→"组"命令也可以创建一个新组，如图 5-33 所示，创建好的新组如图 5-34 所示。

图 5-32　在"图层"面板中创建新组 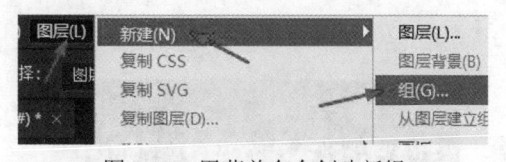　　图 5-33　用菜单命令创建新组

步骤 3：选择多个图层创建一个组。选中"图层 0"和"图层 1"，然后按组合键 Ctrl+G，此时发现创建了"组 3"，如图 5-35 所示。如果要取消创建的组，则按组合键 Ctrl+Shift+G 即可。

步骤 4：把选中的图层加入指定组。选中"图层 2"，按住鼠标左键拖动至"组 1"上方后松开鼠标，此时会发现"图层 2"已加入了"组 1"，如图 5-36 所示。

图 5-34　创建的新组 　　图 5-35　选中多个图层创建组 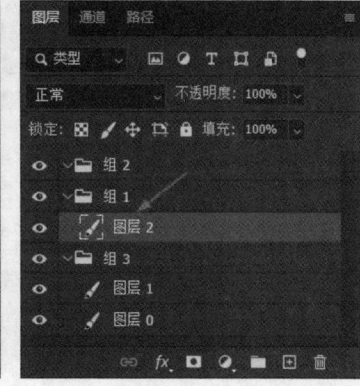　　图 5-36　把图层加入指定组

5.4 任务四 应用图层的混合模式

混合模式是图像处理技术中的一个技术名词,不仅广泛应用于 Photoshop 中,也应用于 Adobe 公司的大部分软件中。混合模式主要的功能是可以用不同的方法将对象颜色与底层对象的颜色混合。它实际上是指基色和混合色之间的运算方式,在混合模式中,每个模式都有其独特的计算公式。将一种混合模式应用于某一对象时,在此对象的图层或组下方的任何对象上都可看到混合模式的效果。

在 Photoshop 中共有 27 种混合模式,系统默认将其分为常规组、变暗组、变亮组、中性组、差集组、颜色组等六组,它们都可以产生迥异的合成效果。在"图层"面板中选中任一图层,然后单击"设置图层的混合模式"下拉按钮,在展开的下拉列表框中将会列出具体的混合模式,如图 5-37 和图 5-38 所示。

图 5-37 设置图层的混合模式　　　　图 5-38 混合模式

常规组:该组包括正常和溶解两种模式,在这之前我们所使用的是正常模式。

变暗组:该组模式的主要特点是去掉亮部,暗部混合,通过滤除图像中的亮调部分来达到图像变暗的效果。该组模式包括变暗、正片叠底、颜色加深、线性加深、深色。

变亮组:该组模式的主要特点是去掉暗部,亮部混合,通过滤除图像中的暗调部分来达到图像变亮的效果。该组模式包括变亮、滤色、颜色减淡、线性减淡(添加)、浅色。

中性组:该组模式的主要特点是去掉亮部和暗部,中性灰混合。该组模式包括叠加、柔光、强光、亮光、线性光、点光、实色混合。

差集组： 该组模式的主要特点是反相混合，主要用于制作各种另类或反色效果。该组模式包括差值、排除、减去、划分。

颜色组： 该组模式的特点是色彩混合，主要依据上层图像中的颜色信息映衬下面图层上的图像。该组模式包括色相、饱和度、颜色、明度。

【操作实例 1】利用正常模式合成图像。

步骤 1：打开目录"素材/模块五"下的图片"11.psd"。

步骤 2：在"图层"面板中，选中"草莓"图层，设置图层的混合模式为"正常"，分别设置不透明度为"100%""70%"，效果如图 5-39 和图 5-40 所示。

图 5-39　图层不透明度为"100%"的混合效果

图 5-40　图层不透明度为"70%"的混合效果

【操作实例 2】利用正片叠底模式合成图像。

步骤 1：打开目录"素材/模块五"下的图片"12.jpg"。

步骤 2：置入目录"素材/模块五"下的图片"13.jpg"，并适当调整图片的大小及位置，如图 5-41 所示。

步骤 3：在"图层"面板中选中刚置入的图层即"图层 13"，然后设置图层的混合模式为"正片叠底"，此时得到的合成效果如图 5-42 所示。

图 5-41　置入图像　　　　　　　　　图 5-42　"正片叠底"合成效果

5.5　任务五　应用图层样式

5.5.1　图层样式简介

利用"图层样式"功能，可以简单、快捷地制作出各种立体投影、各种质感及光景效果的图像特效。与传统的操作方法相比，图层样式具有速度更快、效果更精确、可编辑性更强等无法比拟的优势。

常用的图层样式以下几种。

（1）投影：将为图层的对象、文本或形状后面添加阴影效果。投影参数由"混合模式""不透明度""角度""距离""扩展"和"大小"等各种选项组成，通过对这些选项进行设置可以得到需要的效果。

（2）内阴影：将在对象、文本或形状的内边缘添加阴影，让图层产生一种凹陷外观，对文本对象使用内阴影的效果更佳。

（3）外发光：将从图层对象、文本或形状的边缘向外添加发光效果。设置合理的外发光参数可以让对象、文本或形状更精美。

（4）内发光：将从图层对象、文本或形状的边缘向内添加发光效果。

（5）斜面和浮雕：使用"样式"下拉列表框为图层添加高亮显示和阴影的各种组合效果。"斜面和浮雕"对话框样式参数的解释如下。

1）外斜面：沿对象、文本或形状的外边缘创建三维斜面。

2）内斜面：沿对象、文本或形状的内边缘创建三维斜面。

3）浮雕效果：创建外斜面和内斜面的组合效果。

4）枕状浮雕：创建内斜面的反相效果，其中对象、文本或形状看起来下沉。

5）描边浮雕：只适用于描边对象，即在应用描边浮雕效果时才打开描边效果。

（6）光泽：将对图层对象内部应用阴影，与对象的形状互相作用，通常创建规则波浪形状，产生光滑的磨光及金属效果。

（7）颜色叠加：将在图层对象上叠加一种颜色，即用一层纯色填充到应用样式的对象上。可以通过"选取叠加颜色"对话框选择任意的叠加颜色。

（8）渐变叠加：将在图层对象上叠加一种渐变颜色，即用一层渐变颜色填充到应用样式的对象上。通过"渐变编辑器"还可以选择使用其他的渐变颜色。

（9）图案叠加：将在图层对象上叠加图案，即用一致的重复图案填充对象。从"图案拾色器"中还可以选择其他的图案。

（10）描边：使用颜色、渐变颜色或图案描绘当前图层上的对象、文本或形状的轮廓，对于边缘清晰的形状（如文本），这种效果尤其有用。

5.5.2 图层样式的应用

1. 图层样式的添加

【操作实例】添加图层样式。

步骤1：新建宽度为300像素、高度为150像素、颜色为白色的画布，并锁定该图层。

步骤2：选择"圆角矩形工具"并设置工具的属性：选择工具的模式为"形状"；填充的颜色为"红色"；描边为"无描边"，如图5-43所示。

图 5-43　绘制圆角矩形

步骤3：选中图层"圆角矩形1"后，单击"添加图层样式"下拉按钮，在弹出的下拉列表框中选择"投影"，此时会弹出"图层样式"对话框，并设置相关属性，如图5-44所示，设置完成后单击"确定"按钮，此时会发现圆角矩形出现了投影效果，并在图层下方出现了所应用的效果名称，如图5-45和图5-46所示。（注意：在"图层"面板中双击图层也会弹出"图层样式"对话框，还可以通过菜单栏上的"图层"→"图层样式"→"这里是具体图层样式"命令打开"图层样式"对话框。）

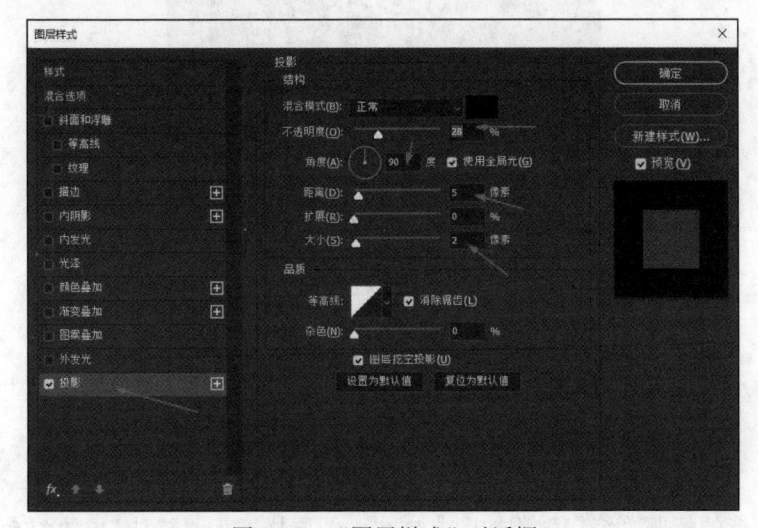

图 5-44　"图层样式"对话框

图 5-45　投影效果　　　　　　　　　　　图 5-46　投影效果标识

步骤 4：添加文字及其投影效果。使用横排文字工具添加文字"点击购买"并设置投影效果，如图 5-47 所示。

步骤 5：绘制箭头图标。使用三角形工具绘制三角形，然后结合钢笔工具制作出箭头图标，并设置投影样式，得到最终效果如图 5-48 所示。

图 5-47　添加文字　　　　　　　　　　　图 5-48　按钮的最终效果

2. 图层样式的复制

【操作实例】复制图层样式。

步骤 1：打开目录"素材/模块五"下的图片"14.jpg"，并添加文本，如图 5-49 所示。

图层样式的复制

图 5-49　添加文本

步骤 2：给诗的标题"绝句"添加图层样式，图层样式为"描边"，如图 5-50 所示。

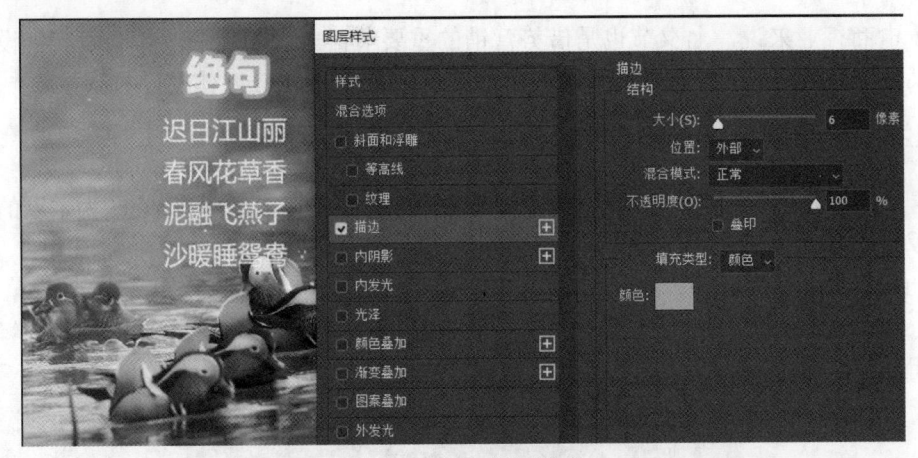

图 5-50　添加图层样式

步骤 3：在菜单栏上执行"图层"→"图层样式"→"拷贝图层样式"命令，复制图层样式。

步骤 4：选中诗句所在图层，然后在菜单栏上执行"图层"→"图层样式"→"粘贴图层样式"命令，此时会发现诗句中也出现了与标题一样的描边效果，如图 5-51 所示。

图 5-51　复制图层样式的效果

5.6　项目实训

5.6.1　情境描述

七夕节被称为中国的情人节，是中国最重要的婚恋节日之一。除七夕节以外，元宵节和上巳节也被称作"中国情人节"。在古代，七夕节与爱情关系不大。经过漫长的历史发展，七夕节被赋予了"牛郎织女"的美丽爱情传说，使其成为了象征爱情的节日，从而被认为是中国最具浪漫色彩的传统节日，在当代更是产生了"中国情人节"的文化含义。

对于电商行业来说,七夕节也是借势营销的重要节日。假如你是一名电商广告设计师,需要为某电子商务网站设计一张以 I LOVE YOU 为主题的图片,以体现爱的情意。

5.6.2 设计要求

结合"情境描述"内容,利用图层等知识设计合成一张以 I LOVE YOU 为主题的图像,以表达爱的情意。

5.6.3 实现过程

说明:图 5-52 仅为参考。

图 5-52 项目实训效果

步骤 1:新建一个宽度为 480 像素、高度为 240 像素、背景颜色为白色的文档。

步骤 2:新建一个图层并填充黑色,然后设置"内发光"图层样式,相关参数如图 5-53 所示,其中发光颜色为#44dcea。

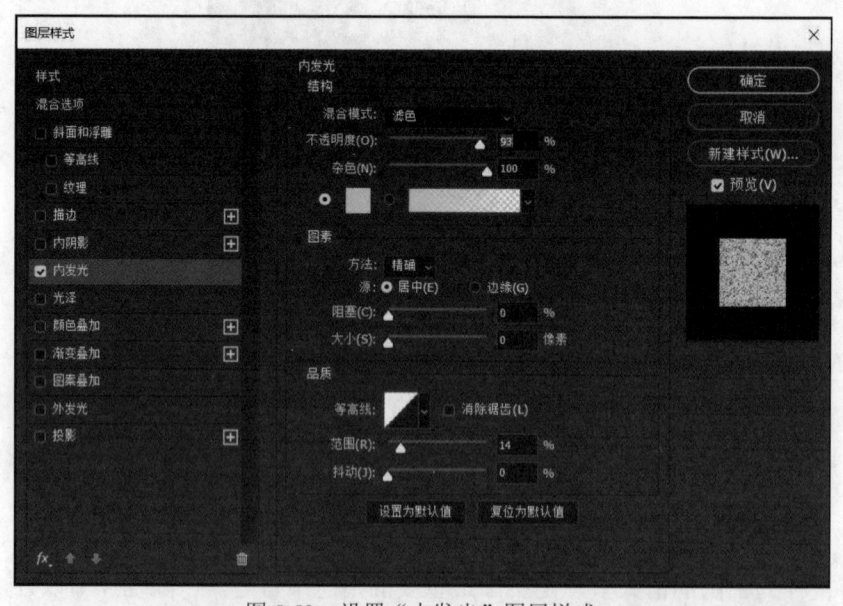

图 5-53 设置"内发光"图层样式

步骤 3:置入目录"素材/模块五"下的图片"15.png"和"16.png",调整大小及位置后如图 5-54 所示。

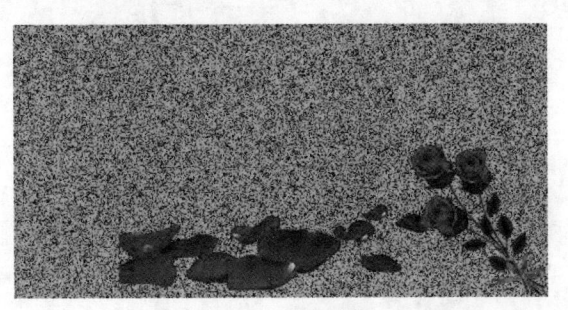

图 5-54 置入素材

步骤 4：使用横排文字工具输入字符 I LOVE YOU，文字的相关属性设置如图 5-55 所示，字符效果如图 5-56 所示。

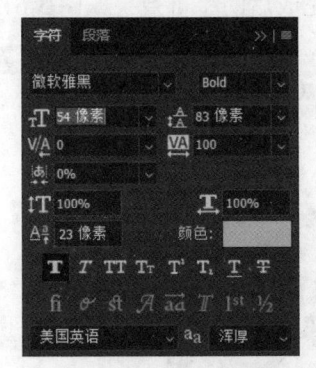

图 5-55 设置文字属性

图 5-56 字符效果

步骤 5：给字符图层添加"斜面和浮雕"图层样式，相关参数如图 5-57 所示，设置完成后的字符效果如图 5-58 所示。

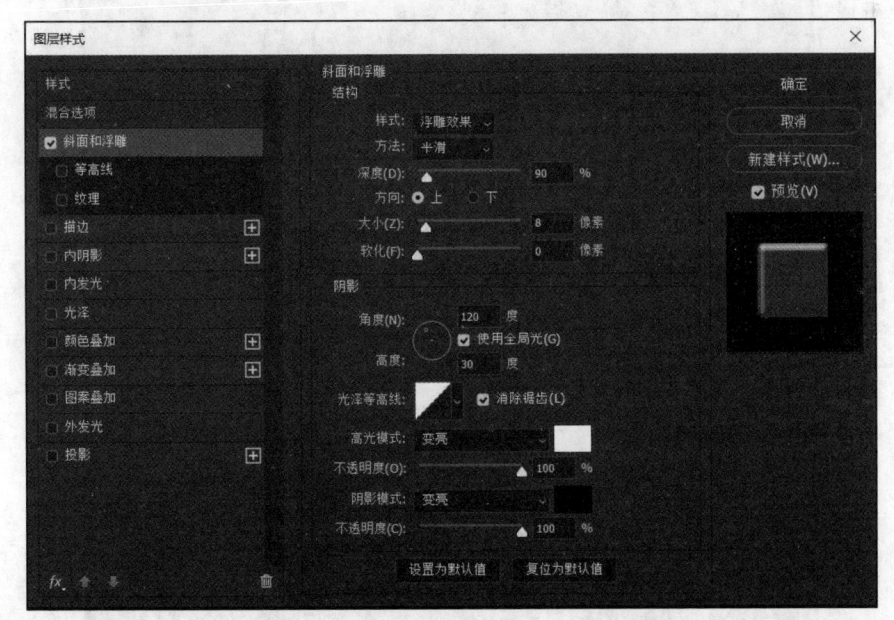

图 5-57 设置"斜面和浮雕"图层样式

图 5-58　字符效果

步骤 6：把该字符图层转换为智能对象，具体操作是在菜单栏上执行"图层"→"智能对象"→"转换为智能对象"命令。

步骤 7：给字符图层添加"斜面和浮雕"图层样式和"描边"图层样式，相关参数如图 5-59 和图 5-60 所示，其中描边的颜色为#b12310，设置完成后的字符效果如图 5-61 所示。

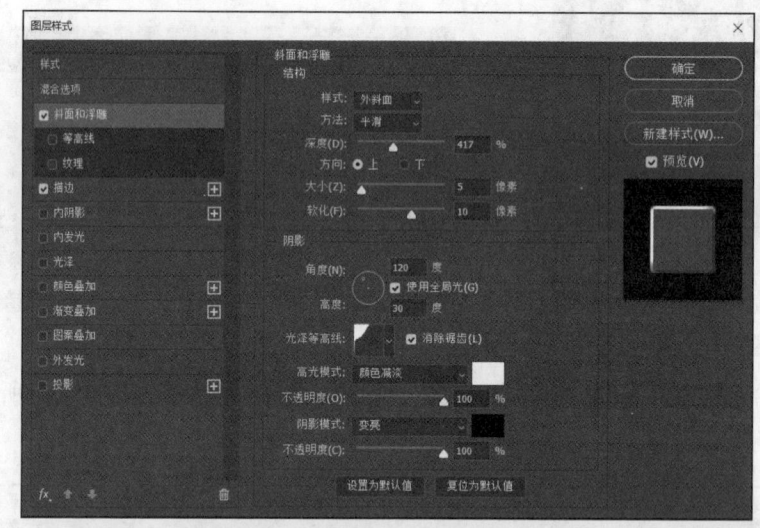

图 5-59　设置"斜面和浮雕"图层样式

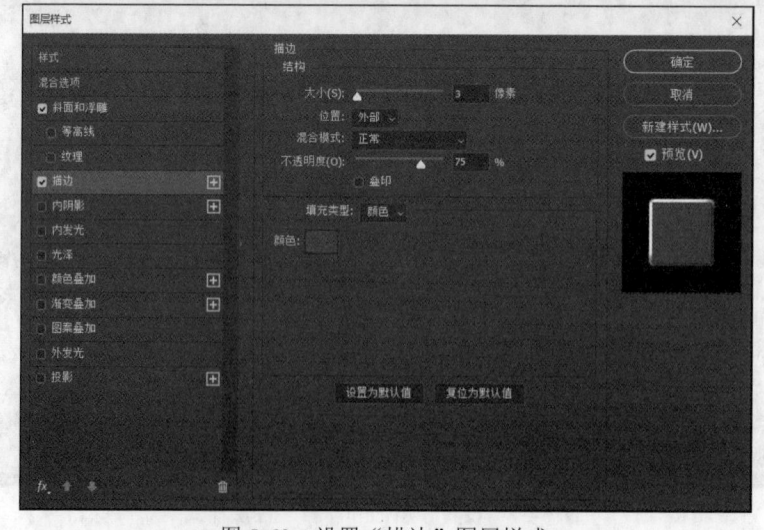

图 5-60　设置"描边"图层样式

图 5-61 字符效果

步骤 8：把该字符图层转换为智能对象。

步骤 9：给字符图层添加"投影"图层样式，相关参数如图 5-62 所示，设置完成后的字符效果如图 5-63 所示。

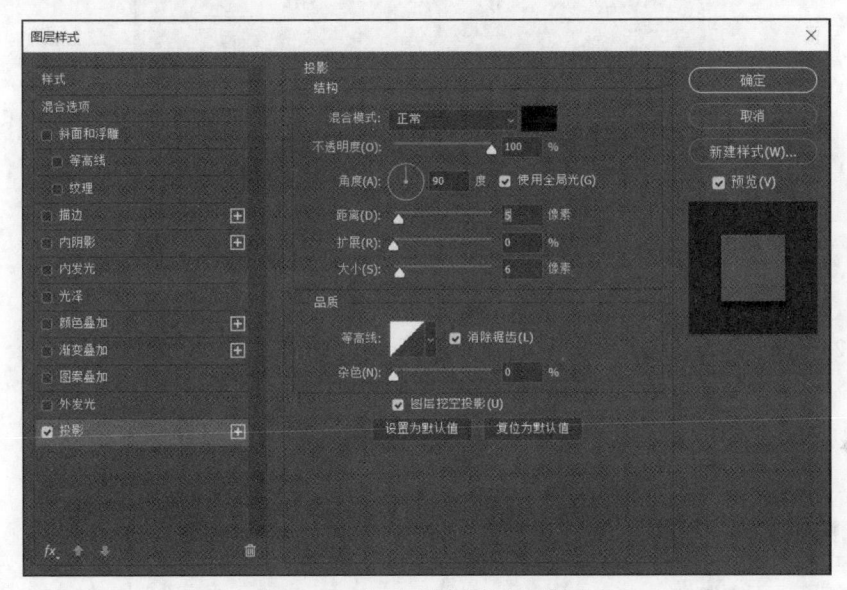

图 5-62 设置"投影"图层样式

图 5-63 字符效果

步骤 10：使用矩形工具绘制两个矩形，无填充颜色，描边颜色为#f0f642，描边的宽度为"3 像素"，如图 5-64 所示。

图 5-64　绘制两个矩形

步骤 11：选中两个矩形，然后在菜单栏上执行"图层"→"合并形状"→"统一形状"命令，此时合并矩形的效果如图 5-65 所示。

图 5-65　合并矩形的效果

步骤 12：进一步调整完善后得到如图 5-51 所示的最终效果。

习　题

一、选择题

1. 填充图层不包括（　　）。
   A．"图案"填充图层　　　　　　　　B．"纯色"填充图层
   C．"渐变"填充图层　　　　　　　　D．"快照"填充图层
2. （　　）可以复制一个图层。
   A．将图层拖放到"图层"面板下方的"创建新图层"按钮上
   B．选择"编辑"→"复制"
   C．选择"图像"→"复制"
   D．选择"文件"→"复制图层"
3. 下列方法中可以不用建立新图层的是（　　）。
   A．使用文字工具在图像中添加文字
   B．双击"图层"面板的空白处
   C．单击"图层"面板下方的"新建"按钮
   D．使用鼠标将当前图像拖动到另一幅图像上

4. （　　）可以将填充图层转换为一般图层。
   A．双击"图层"面板中的"填充图层"按钮
   B．按住 Alt 键的同时单击"图层"面板中的"填充图层"按钮
   C．执行"图层"→"点阵化"→"填充内容"命令
   D．执行"图层"→"改变图层内容"命令
5. 可以快速弹出"图层"面板的快捷键是（　　）。
   A．F7　　　　　B．F5　　　　　C．F8　　　　　D．F6
6. 在"通道"面板中，按住（　　）键的同时单击垃圾桶图标，可直接将选中的通道删除。
   A．Ctrl　　　　B．Shift　　　　C．Alt　　　　　D．Alt+Shift
7. 在（　　）情况下可利用图层和图层之间的裁切组关系创建特殊效果。
   A．需要将多个图层进行移动或编辑
   B．使用一个图层成为另一个图层的蒙版
   C．需要移动链接的图层
   D．需要隐藏某图层中的透明区域
8. 下列（　　）可以将图像自动对齐和分布。
   A．调节图层　　　　　　　　　B．链接图层
   C．填充图层　　　　　　　　　D．背景图层
9. 要同时移动多个图层，需先对它们进行（　　）操作。
   A．图层链接　　　　　　　　　B．图层格式化
   C．图层属性设置　　　　　　　D．图层锁定
10. Photoshop 中，我们可以通过使用（　　）功能同时变形原本处在不同图层上的图形，而不影响原图层的独立。
    A．"合并图层"　　　　　　　B．"隐藏图层"
    C．"合并拷贝"　　　　　　　D．"复制图层"

二、判断题

1. "背景"图层的位置可以随意变换。　　　　　　　　　　　　　　（　　）
2. Photoshop 中的"背景"图层始终在最底层。　　　　　　　　　　（　　）
3. 新建图层总位于当前层之上，并自动成为当前层。　　　　　　　（　　）
4. 在拼合图层时，会将暂不显示的图层全部删除。　　　　　　　　（　　）
5. 图层样式不能复制到其他图层。　　　　　　　　　　　　　　　（　　）
6. 合并图层的组合键为 Ctrl+E。　　　　　　　　　　　　　　　　（　　）

三、思考题

1. 图层的类型有哪些？每种类型的特点是什么？
2. Photoshop 有哪几种创建新图层的方法？
3. 如何将图像定义为预设图案？

拓 展 训 练

任务一： 请运用相关知识制作如图 5-66 所示的按钮。

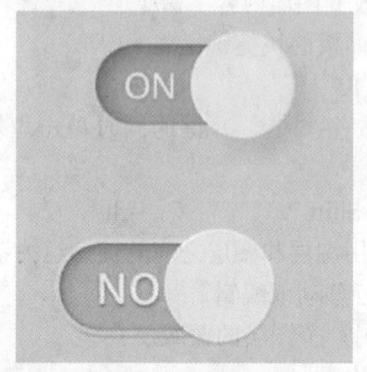

图 5-66　按钮效果

任务二： 请利用所提供的素材，运用所学的知识制作如图 5-67 所示的拼图效果。

图 5-67　拼图效果

任务三： 请利用所提供的素材，运用所学的知识制作如图 5-68 所示的绿竹子文字效果。

图 5-68　绿竹子文字效果

任务四：党的二十大报告中，习近平总书记强调，要"深入实施人才强国战略，坚持尊重劳动、尊重知识、尊重人才、尊重创造"，并号召"在全社会弘扬劳动精神、奋斗精神、奉献精神、创造精神、勤俭节约精神"。"四个尊重"体现了对劳动价值的肯定，要让"四个尊重"落地生根，就要从抓学生的劳动教育开始。如果你是某高校学生会宣传部成员，现需要为"劳动教育主题活动——体验后勤志愿活动"设计一张网络宣传图片，请自行搜集相关素材和资料，完成宣传图片的制作，图5-69仅作为参考。

图 5-69　参考效果图

模块六　通道与蒙版

学习目标

知识目标：

- 理解通道的定义并了解通道的功能。
- 熟悉通道工具及其面板。
- 掌握通道的分类及应用。
- 掌握蒙版的定义、分类及应用。

能力目标：

- 学会通道的基本操作，能够使用通道对图像进行处理。
- 学会蒙版的基本操作，能够根据需求使用蒙版制作图像效果。

素质目标（含"课程思政"目标）：

- 强化学生对图像的欣赏力，提升学生的审美素养。
- 提升学生的专业认同感和服务社会的责任。
- 培养学生诚实守信的良好品质，帮助学生树立正确的职业道德风尚。

知识导图：

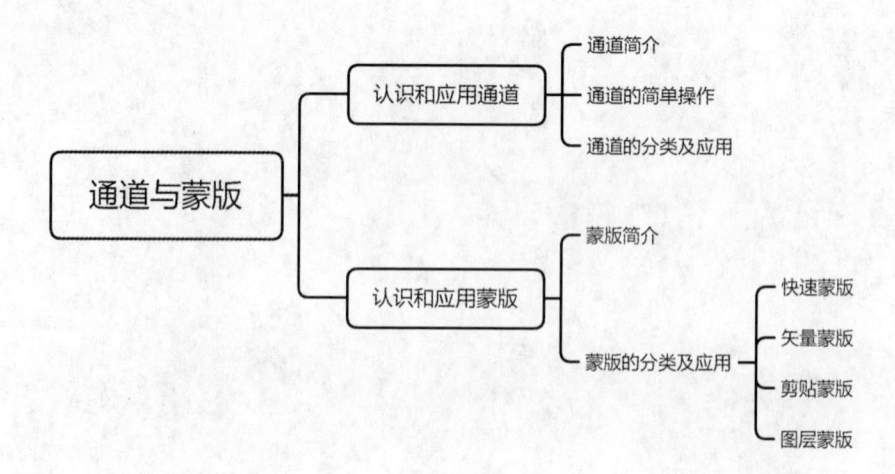

```
                              ┌── 通道简介
              ┌── 认识和应用通道 ──┼── 通道的简单操作
              │                └── 通道的分类及应用
通道与蒙版 ──┤
              │                ┌── 蒙版简介
              └── 认识和应用蒙版 ──┤                    ┌── 快速蒙版
                                │                    ├── 矢量蒙版
                                └── 蒙版的分类及应用 ──┤
                                                     ├── 剪贴蒙版
                                                     └── 图层蒙版
```

6.1 任务一 认识和应用通道

6.1.1 通道简介

1. 通道的定义

通道的概念,是由遮板演变而来的,也可以说通道就是选区。在通道中,以白色代替透明表示要处理的部分(选择区域),以黑色表示无须处理的部分(非选择区域)。因此,通道也与遮板一样,没有其独立的意义,而只有在依附于其他图像(或模型)存在时,才能体现其功用。通道与遮板的最大区别,也是通道最大的优势之处,在于其可以完全由计算机进行处理。也就是说,它是完全数字化的。

2. 通道的功能

(1) 可建立精确的选区。运用蒙版和选区或"滤镜"功能建立某白色区域代表选择区域的部分。

(2) 可以存储选区和载入选区备用。

(3) 可以制作其他软件(如 Illustrator、Pagemaker)需要导入的"透明背景图片"。

(4) 可以看到精确的图像颜色信息,有利于调整图像颜色。利用 Info 面板可以体会到这一点,不同的通道都可以用 256 级灰度来表示不同的亮度。

(5) 印刷出版方便传输、制版。可以把 CMYK 色彩模式的图像文件的 4 个通道拆开分别保存成 4 个黑白文件。而后同时打开,按 CMYK 的顺序再放到通道中就可恢复成 CMYK 色彩模式的原文件了。

3. 通道的工具

单纯的通道操作是不可能对图像本身产生任何效果的,必须同其他工具结合,如选区工具、绘图工具、调整工具,当然要想做出一些特殊的效果的话还需要配合滤镜特效、颜色调整来一起操作。

(1) 利用选区工具。Photoshop 中的选择工具包括遮罩、套索、魔术棒、字体遮罩及由路径转换选区等,利用这些工具在通道中进行编辑等同于对一幅图像的操作。

(2) 利用绘图工具。绘图工具包括喷枪、画笔、铅笔、图章、橡皮擦、渐变、油漆桶、模糊锐化和涂抹、加深/减淡和海绵等。利用绘图工具编辑通道的一个优势在于,可以精确控制笔触,从而可以得到更加柔和及足够复杂的边缘。其中渐变工具特别容易被人忽视,但相对于通道来说特别有用。它是 Photoshop 中严格意义上的一个可以涂画多种颜色而且包含平滑过渡的绘画工具,对于通道而言,也就是带来了平滑细腻的渐变。

(3) 利用调整工具。调整工具包括色阶和曲线调整。当选中希望调整的通道时,按住 Shift 键,再单击另一个通道,最后打开图像中的复合通道。这样就可以强制这些工具同时作用于一个通道。这对于编辑通道来说当然是有用的,但实际上并不常用,因为可以建立调整图层而不必破坏最原始的信息。

(4) 利用滤镜特效。在通道中的滤镜操作,通常是在存在不同灰度的情况下进行的,而运用滤镜的原因,通常是刻意追求一种出乎意料的效果,或者只是为了控制边缘。原则上来讲,可以在通道中运用任何一种滤镜去试验,大部分人在运用滤镜操作通道时通常有着较为明确的愿望，如锐化或虚化边缘，从而建立更适合的选区。

4. "通道"面板

通道中记录了图像大部分的信息，包括图像色彩、内容和选区。通道具有存储图像的色彩资料、存储和创建选区和抠图的功能。利用"通道"面板可以管理图像中的所有通道及编辑各类通道。

打开目录"素材/模块六"下的图片"1.jpg"，如图6-1所示。

执行"窗口"→"通道"命令，可以显示"通道"面板。在"通道"面板中有四个功能按钮，该面板中列出了图像中的所有通道，如图6-2所示。

图6-1　图像示例 　　　　　　　图6-2　"通道"面板

"通道"面板的四个按钮的功能如下。

（1）"将通道作为选区载入"按钮：从当前通道载入选区。

（2）"将选区存储为通道"按钮：在图像中建立选区，单击该按钮后，在"通道"面板中会建立一个新的Alpha通道来保存当前选区，以备随时调用。

（3）"创建新通道"按钮：单击此按钮可以建立一个新通道。

（4）"删除当前通道"按钮：单击此按钮可以删除当前通道。

6.1.2　通道的简单操作

1. 通道的显示与隐藏

【操作实例】通道的显示或隐藏。

步骤1：打开目录"素材/模块六"下的图片"2.jpg"，如图6-3所示。

通道的简单操作

图6-3　图像示例

步骤2：在"通道"面板上，会发现有 RGB 红、绿、蓝通道，其中 RGB 通道为复合通道，即将红、绿、蓝三个通道的效果合成并呈现的通道，单击该通道可以显示所有的默认颜色通道。当单击通道名称左侧的"眼睛"图标时，可显示或隐藏通道，如图 6-4 所示。

图 6-4 隐藏"绿"通道

2. 通道的创建、复制、删除

【操作实例】通道的创建、复制与删除。

步骤1：打开目录"素材/模块六"下的图片"1.jpg"。

步骤2：在"通道"面板控制菜单中执行"新建通道"命令，如图 6-5 所示，弹出"新建通道"对话框，如图 6-6 所示。在"新建通道"对话框中设置通道的名称、色彩指示、颜色等属性，单击"确定"按钮后即可创建一个新通道，如图 6-7 所示。

图 6-5 执行"新建通道"命令　　　　图 6-6 "新建通道"对话框

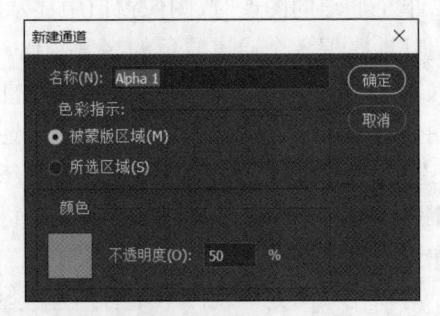

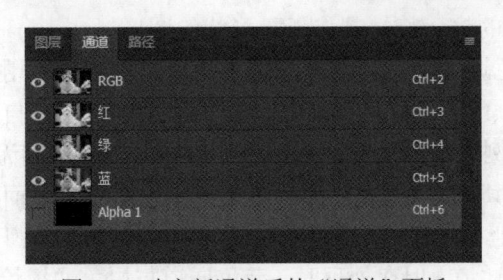

图 6-7 建立新通道后的"通道"面板

步骤 3：在"通道"面板中，选中要复制的通道，右单，在弹出的快捷菜单中执行"复制通道"命令，此时将会弹出"复制通道"对话框，如图 6-8 所示，设置好相关属性并单击"确定"按钮即可完成通道的复制。

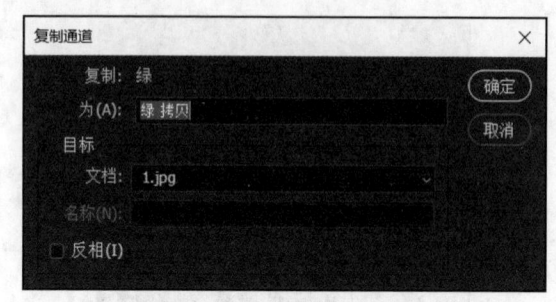

图 6-8 "复制通道"对话框

步骤 4：在"通道"面板中，选中要删除的通道，然后单击"删除当前通道"按钮即可删除通道。

6.1.3 通道的分类及应用

1. 通道的分类

通道分为颜色通道（也称原色通道）、Alpha 通道、专色通道三种。在"通道"面板中选择一个或多个通道，将突出显示所有选中或现用的通道的名称。

（1）颜色通道。一张图片被建立或打开以后是会自动创建颜色通道的。当在 Photoshop 中编辑图像时，实际上就是在编辑颜色通道。这些通道把图像分解成一个或多个色彩成分，图像的模式决定了颜色通道的数量，RGB 模式有 R、G、B 三个颜色通道，CMYK 模式有 C、M、Y、K 四个颜色通道，灰度模式只有一个颜色通道，它们包含了所有将被打印或显示的颜色。当查看单个通道的图像时，图像窗口中显示的是没有颜色的灰度图像，通过编辑灰度级的图像，可以更好地掌握各个通道原色的亮度变化。

（2）Alpha 通道。Alpha 通道是计算机图形学中的术语，指的是特别的通道。有时，它特指透明信息，但通常的意思是"非彩色"通道。Alpha 通道是为保存选择区域而专门设计的通道，在生成一个图像文件时并不是必须要产生 Alpha 通道。通常它是由人们在图像处理过程中人为生成，并从中读取选择区域信息的。因此，在输出制版时，Alpha 通道会因为与最终生成的图像无关而被删除。但也有时，例如在三维软件最终渲染输出的时候，会附带生成一个 Alpha 通道，用以在平面处理软件中做后期合成。除 Photoshop 的文件格式 PSD 外，GIF 与 TIFF 格式的文件都可以保存 Alpha 通道。而 GIF 文件还可以用 Alpha 通道做图像的去背景处理操作。因此，可以利用 GIF 文件的这一特性制作任意形状的图形。

（3）专色通道。专色通道是一种特殊的颜色通道，它可以使用除青色、洋红（有人称品红）、黄色、黑色以外的颜色来绘制图像。在印刷过程中，为了让自己的印刷作品与众不同，往往要做一些特殊处理，例如增加荧光油墨或夜光油墨，套版印制无色系（如烫金）等，这些特殊颜色的油墨（我们称其为"专色"）都无法用三原色油墨混合而成，这时就要用到专色通道与专色印刷了。在图像处理软件中，都存有完备的专色油墨列表。只须选择需要的专色油墨，就会生成与其相应的专色通道。但在处理时，专色通道与原色通道恰好相反，用黑色代表选取

（即喷绘油墨），用白色代表不选取（不喷绘油墨）。由于大多数专色无法在显示器上呈现出效果，所以其制作过程也需要相当丰富的经验。

2. 通道的应用

（1）专色通道的应用。

【操作实例】专色通道的应用。

步骤 1：打开目录"素材/模块六"下的图片"3.jpg"。

步骤 2：创建选区。可以选择工具栏中的"魔棒工具"创建选区，如图 6-9 所示。

图 6-9　创建选区

步骤 3：新建专色通道。在"通道"面板中选择"新建专色通道"，弹出"新建专色通道"对话框，如图 6-10 所示。单击"确定"按钮后得到如图 6-11 所示的效果。

图 6-10　"新建专色通道"对话框　　　　图 6-11　效果图

（2）"应用图像"命令的应用。"应用图像"命令，可以将一幅图像的图层及通道与另一幅具有相同尺寸的图像中的图层及通道合成，是一个功能强大、效果多变的命令，是高级合成技术之一。

【操作实例】"应用图像"命令的应用。

步骤 1：打开目录"素材/模块六"下的图片"4.jpg"，如图 6-12 所示。

步骤 2：在"通道"面板中选择"绿"通道，如图 6-13 所示。

图 6-12　原图示例

图 6-13　选择"绿"通道

步骤 3：在菜单栏上执行"图像"→"应用图像"命令，弹出"应用图像"对话框，如图 6-14 所示。相关参数设置完成后，最终效果如图 6-15 所示。

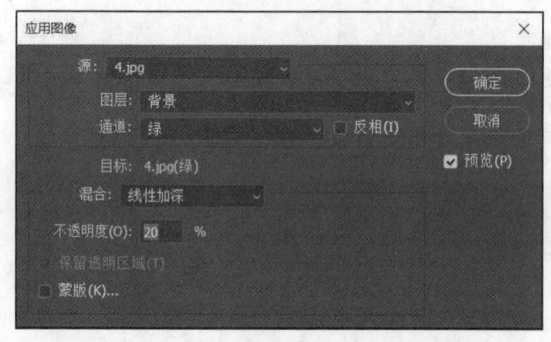

图 6-14　"应用图像"对话框

图 6-15　效果图

（3）通道与选区的结合应用。通道的概念源于图像的模式，用来表示图像模式的颜色分量。而选区则是利用选区工具，选择部分图像区域的一个操作方法，主要是通过选择来提取部分图像，或者创设特殊效果。选区与通道可以相互辅助，完成很多复杂特殊的任务。

【操作实例】通道与选区的结合应用。

步骤 1：打开目录"素材/模块六"下的图片"5.jpg"。

步骤 2：创建选区，如图 6-16 所示。

图 6-16　创建选区

步骤 3：在"通道"面板下单击"将选区存储为通道"按钮，如图 6-17 所示，将选区存储为通道后的面板如图 6-18 所示。

图 6-17 单击"将选区存储为通道"

图 6-18 将选区存储为通道后的面板

（4）通道分离与合并的应用。在"通道"面板中存在的通道是可以进行重新拆分和拼合的，拆分后可以得到不同通道下的图像显示的灰度效果。

【操作实例】通道分离与合并的应用。

步骤 1：打开目录"素材/模块六"下的图片"6.jpg"，然后在"通道"面板控制菜单中选择"分离通道"，如图 6-19 所示，此时该图像被分离为红、绿、蓝三个通道文档，当然可对文档进行相关操作，如图 6-20 所示，"通道"面板中只有"灰色"通道，如图 6-21 所示。

图 6-19 选择"分离通道"

图 6-20 分离通道产生的文档

图 6-21 "通道"面板

步骤 2：在"通道"面板控制菜单中选择"合并通道"，在弹出的"合并通道"对话框中设置模式为 RGB 颜色，通道数量为 3，然后单击"确定"按钮，如图 6-22 所示。

步骤 3：在弹出的"合并 RGB 通道"中，指定红色、绿色、蓝色的通道，如图 6-23 所示。

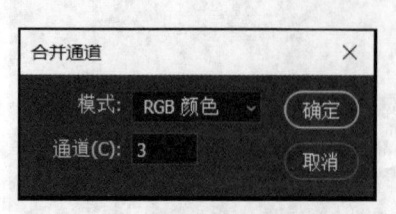

图 6-22 "合并通道"对话框

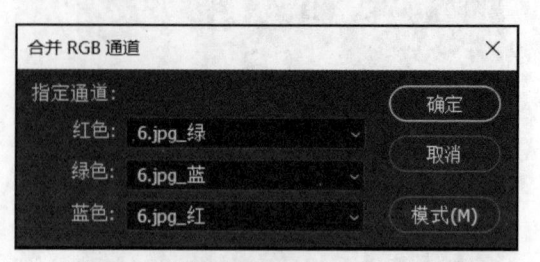

图 6-23 指定红色、绿色、蓝色的通道

步骤 4：原图与完成合并 RGB 通道后的图像效果如图 6-24 和图 6-25 所示。

图 6-24 原图

图 6-25 合并 RGB 通道后的图像效果

6.2 任务二 认识和应用蒙版

6.2.1 蒙版简介

蒙版就是选框的外部（选框的内部是选区）。"蒙版"一词本身来自生活应用，也就是"蒙在上面的板子"的含义。蒙版可以将不同灰度值转换为不同的透明度，并作用到它所在的图层，使图层不同部位的透明度产生相应的变化。黑色为完全透明，白色为完全不透明。

蒙版简介

Photoshop 中蒙版的优点具有以下几个。

（1）修改方便，不会因为使用橡皮擦或剪切、删除而造成不可挽回的结果。

（2）可运用不同滤镜，以产生一些意想不到的特效。

（3）任何一张灰度图都可用作蒙版。

Photoshop 中蒙版的主要作用有以下几个。

（1）抠图。

（2）产生图的边缘淡化效果。

（3）图层间的融合。

6.2.2 蒙版的分类及应用

蒙版分为快速蒙版、矢量蒙版、剪贴蒙版、图层蒙版等四类。

1. 快速蒙版

快速蒙版是 Photoshop 中的常用工具。快速蒙版模式可以将任何选区作为蒙版进行编辑，而无须使用"通道"面板。运用快速蒙版模式产生的临时通道，可进行通道编辑，在退出快速蒙版模式时，原蒙版里的原图像显现的部分便成为选区。

【操作实例】利用快速蒙版进行抠图。

步骤 1：打开目录"素材/模块六"下的图片"7.jpg"和"8.jpg"，切换到"7.jpg"的编辑界面，单击"快速蒙版"按钮或按 Q 键进入快速蒙版模式。

步骤 2：设置前景色为黑色，在工具栏中选择"画笔工具"，在小狗图像中间进行涂抹，边缘部分可将其局部放大后再进行操作，在涂抹的过程中一定要细心地用小笔刷进行涂抹，涂错的地方可以设置前景色为白色，用画笔工具进行修正，涂抹完成后的效果如图 6-26 所示。

图 6-26 用画笔工具涂抹后的效果

步骤 3：按 Q 键将蒙版载入选区，按快捷键 Ctrl+Shift+I 将选区进行反选，如图 6-27 所示。

图 6-27 反选后的选区

步骤4：使用移动工具，将选区移至"8.jpg"的编辑界面上，并调整小狗图像的大小和位置，效果如图6-28所示。

图6-28　效果图

2. 矢量蒙版

矢量蒙版，顾名思义就是可以任意放大或缩小的蒙版。要真正理解矢量蒙版，则有必要了解矢量和蒙版的内涵。

矢量：简单来说，就是不会因放大或缩小操作而影响清晰度的图像。一般的位图包含的像素点在放大或缩小到一定程度时会失真，而矢量图的清晰度不受这种操作的影响。

蒙版：可以对图像实现部分遮罩的一种图片，遮罩效果可以通过具体的软件设定，相当于用一张被掏出了形状的图板蒙在被遮罩的图片上面。

矢量蒙版是通过形状控制图像显示区域的，它仅能作用于当前图层。矢量蒙版中创建的形状是矢量图，可以使用钢笔工具和形状工具对图形进行编辑修改，从而改变蒙版的遮罩区域，当然也可以对它进行任意缩放而不必担心产生锯齿效果。

【操作实例】矢量蒙版应用实例。

步骤1：打开目录"素材/模块六"下的图片"9.jpg"，并将目录"素材/模块六"下的图片"10.jpg"置入该图像上，如图6-29所示。

图6-29　原图的打开和置入

步骤 2：选择工具栏中的"钢笔工具"，并设置其属性，如图 6-30 所示。

图 6-30　钢笔工具属性的设置

步骤 3：使用钢笔工具沿着人像的轮廓绘制路径，如图 6-31 所示。

图 6-31　绘制路径

步骤 4：绘制路径完成后，执行菜单栏上的"图层"→"矢量蒙版"→"当前路径"命令，最终效果如图 6-32 所示。

图 6-32　最终效果图

3. 剪贴蒙版

剪贴蒙版是使用处于下方的基底图层的形状来显示上方内容图像的一种蒙版，可以应用于多个相邻的图层。

剪贴蒙版

【操作实例】剪贴蒙版的应用。

步骤 1：打开目录"素材/模块六"下的图片"11.jpg"。

步骤 2：使用快速选择工具创建选区，如图 6-33 所示。

图 6-33　创建选区

步骤3：在菜单栏上执行"选择"→"修改"→"收缩"命令收缩选区，收缩量设置为5像素。

步骤4：使用快捷键Ctrl+J复制图层。

步骤5：置入目录"素材/模块六"下的图片"12.png"，进一步调整后如图6-34所示。

步骤6：在菜单栏上执行"图层"→"创建剪贴蒙版"命令，此时会发现原来溢出的梅花被遮住了，进一步调整梅花的大小、位置等，最终效果如图6-35所示。

图6-34　置入图片　　　　　　　　　图6-35　最终效果图

4. 图层蒙版

图层蒙版是Photoshop中一项十分重要的功能，可以理解为在当前图层上面覆盖一层玻璃片，这种玻璃片有透明的、半透明的、完全不透明的。然后用各种绘图工具在蒙版上（即玻璃片上）涂色（只能涂黑、白、灰色），涂黑色的地方蒙版变为不透明的，看不见当前图层上的图像；涂白色则使涂色部分变为透明的，可看到当前图层上的图像；涂灰色使蒙版变为半透明的，透明程度由涂色的灰度深浅决定。

【操作实例1】简单图层蒙版的应用。

步骤1：打开目录"素材/模块六"下的图片"13.jpg"。

步骤2：置入目录"素材/模块六"下的图片"14.jpg"，并对该图片进行缩放，如图6-36所示。

图6-36　置入图片

步骤3：在"图层"面板中，单击"添加图层蒙版"按钮，如图6-37所示。

步骤4：使用画笔工具或橡皮擦工具进行擦除。当前景色为黑色时，可以擦除不需要的图像；而当前景色为白色时，可以擦除需要的图像。编辑后的图像如图6-38所示。

图 6-37　添加图层蒙版

图 6-38　编辑后的图像

【操作实例 2】编辑图层蒙版。

步骤 1：打开目录"素材/模块六"下的图片"15.jpg"，然后置入目录"素材/模块六"下的图片"16.jpg"，如图 6-39 和图 6-40 所示。

图 6-39　原图示例

图 6-40　原图示例

步骤 2：选中置入图像所在的图层，然后在菜单栏上执行"图层"→"图层蒙版"→"显示全部"命令。

步骤 3：在工具栏中选择"渐变工具"，在图像中往右拉动渐变（注意颜色从左向右由白色到黑色渐变），最终效果如图 6-41 所示。

图 6-41　最终效果图

6.3 项目实训

6.3.1 情境描述

"双十一"购物狂欢节,是指每年 11 月 11 日的网络促销日,源于淘宝商城(天猫)2009 年 11 月 11 日举办的网络促销活动,当时参与的商家数量和促销力度有限,但营业额远超预想的效果,于是 11 月 11 日成为天猫举办大规模促销活动的固定日期。"双十一"已成为中国电子商务行业的年度盛事,并且逐渐影响到国际电子商务行业。

"优优生鲜"是一家主营生鲜食品的淘宝店铺,在"双十一"即将到来之际,该店铺主推进口原切牛肉块,并开展大促销活动。假如你是一名电子商务广告设计师,请你为公司制作一张精美的进口原切牛肉块 Banner 广告图片。

6.3.2 设计要求

根据"情境描述"内容,需要结合店铺主营产品的特色,为该淘宝店铺的"双十一"促销活动设计一张能体现"鲜嫩""美味"特点的进口原切牛肉块 Banner 图片。

6.3.3 实现过程

步骤 1:打开目录"素材/模块六"下的图片"背景.jpg"。
步骤 2:置入目录"素材/模块六"下的图片"牛肉.jpg",并栅格化该图层。
步骤 3:按 Q 键,然后使用画笔工具在牛肉周围进行涂抹,效果如图 6-42 所示。

图 6-42 效果图

步骤 4:再次按 Q 键,此时将会形成一个选区,如图 6-43 所示。
步骤 5:使用快捷键 Ctrl+C 复制选区,然后使用快捷键 Ctrl+V 粘贴便可以创建出新的图层即"图层 1",该图层为抠出来的牛肉,此时把"牛肉"图层隐藏,得到如图 6-44 所示的效果。

图 6-43　创建选区

图 6-44　抠出"牛肉"图层

步骤 6：置入目录"素材/模块六"下的图片"辣椒.jpg",并执行"转换为图层"命令,然后使用魔棒工具清除白色,如图 6-45 所示。

图 6-45　置入辣椒

步骤 7：置入目录"素材/模块六"下的图片"西红柿.jpg",并执行"转换为图层"命令,然后使用魔棒工具清除白色,如图 6-46 所示。

图 6-46 置入西红柿

步骤 8：调整牛肉、辣椒、西红柿所在图层的叠放顺序及大小，如图 6-47 所示。

图 6-47 调整图层叠放顺序和大小

步骤 9：使用横排文本工具输入文本内容，并做相关的设置后得到如图 6-48 所示的效果。

图 6-48 输入文字内容

步骤 10：使用矩形工具和文本工具制作按钮，并调整其大小及位置，最终效果如图 6-49 所示。

图 6-49 最终效果图

习 题

一、选择题

1. 在 Photoshop 中，通道种类不包括（   ）。
   A．彩色通道　　　B．Alpha 通道　　　C．专色通道　　　D．路径通道
2. Photoshop 最多允许创建（   ）个通道（包括基本通道和 Alpha 通道）。
   A．12　　　　　　B．56　　　　　　　C．20　　　　　　D．24
3. 使两个 Alpha 通道载入的选区合并到一起，在执行命令的时候须按住（   ）键。
   A．Ctrl 键　　　　　　　　　　　　　B．Alt/Option 键
   C．Shift 键　　　　　　　　　　　　　D．Return 键
4. 下列载入通道选区的操作方法，不正确的是（   ）。
   A．按住 Ctrl 键的同时单击通道名称
   B．按 Alt 键单击通道缩览图
   C．将通道拖至"将通道作为选区载入"命令按钮
   D．选择一个通道，然后单击"将通道作为选区载入"命令按钮
5. Photoshop 提供了（   ）创建蒙版的方法。
   A．一种　　　　　B．两种　　　　　　C．三种　　　　　D．四种
6. 若要进入快速蒙版状态，则应该（   ）。
   A．建立一个选区
   B．选择一个 Alpha 通道
   C．单击工具栏中的"快速蒙版"图标
   D．单击编辑菜单中的"快速蒙版"
7. 按（   ）键可以使图像进入"快速蒙版"状态。
   A．F　　　　　　　B．Q　　　　　　　C．T　　　　　　　D．A
8. 以下操作中所产生的结果不改变色相的是（   ）。
   A．色阶调整　　　　　　　　　　　　B．建立调整层
   C．建立图层蒙版　　　　　　　　　　D．曲线调整

9．下列关于蒙版的描述，正确的是（　　）。
　　A．快速蒙版的作用主要是用来进行选区的修饰
　　B．图层蒙版和矢量蒙版是不同类型的蒙版，它们之间是无法转换的
　　C．图层蒙版可转换为浮动的选择区域
　　D．当创建蒙版时，在"通道"面板中可看到临时的和蒙版相对应的 Alpha 通道
10．下列（　　）能够添加图层蒙版。
　　A．图层序列　　　　　　　　　　B．文字图层
　　C．透明图层　　　　　　　　　　D．"背景"图层

二、判断题

1．利用通道可以进行选区的保存。　　　　　　　　　　　　　　　　　　　　（　　）
2．在 Photoshop 中，可以将选区进行存储，存储的选区被放置在"通道"面板里。
　　　　　　　　　　　　　　　　　　　　　　　　　　　　　　　　　　　（　　）
3．不能将专色通道和颜色通道合并。　　　　　　　　　　　　　　　　　　　（　　）
4．快速蒙版的主要目的是建立特殊的选区，它是临时的。　　　　　　　　　　（　　）
5．改变蒙版的颜色及不透明度只会影响蒙版的外观，对保护下层图像的方式并无影响。
　　　　　　　　　　　　　　　　　　　　　　　　　　　　　　　　　　　（　　）
6．利用蒙版可以将图层中的图像进行保护，无论制作任意效果都不会破坏图层中的图像。
　　　　　　　　　　　　　　　　　　　　　　　　　　　　　　　　　　　（　　）

三、思考题

1．通道的主要功能是什么？它有哪几种类型？
2．将通道转换为选区的方法有哪些？
3．什么是蒙版？Photoshop 中的蒙版类型有哪几种？
4．快速蒙版与蒙版的区别是什么？

拓 展 训 练

任务一：根据如图 6-50 和图 6-51 所示提供的素材，运用所学知识合成如图 6-52 所示的效果。

图 6-50　原图示例　　　　　　　　　　　　　图 6-51　原图示例

图 6-52　效果图

任务二：根据如图 6-53 所示提供的素材，运用所学知识制作如图 6-54 所示的效果。

图 6-53　原图示例　　　　　　　　　　　图 6-54　效果图

任务三：根据如图 6-55 至图 6-57 所示提供的素材，运用所学知识制作如图 6-58 所示的效果。

图 6-55　原图示例　　　　　　　　　　　图 6-56　原图示例

图 6-57　原图示例

图 6-58　效果图

任务四： 诚信是从商的道德准则。诚信历来是中国"良贾"的传统美德，也是儒家普遍推崇的商业伦理。以习近平同志为核心的党中央高度重视诚信文化建设，党的二十大报告关于推进文化自信自强，铸就社会主义文化新辉煌，明确要求"弘扬诚信文化，健全诚信建设长效机制，发挥党和国家功勋荣誉表彰的精神引领、典型示范作用，推动全社会见贤思齐、崇尚英雄、争做先锋"。

请以"诚信文化"为主题设计一个图片作品。

模块七 路　　径

学习目标

知识目标：

- 了解路径的概念、功能和特点。
- 熟悉常用的路径工具及其使用方法。

能力目标：

- 掌握路径的基本操作，能够根据需求运用路径处理图像。
- 能够根据需求运用路径工具进行图形制作。

素质目标（含"课程思政"目标）：

- 培养学生良好的创新思维和创造能力。
- 增强学生积极探索、勇于创新的科学精神，提升学生的职业意识和职业素养。
- 培养学生的家国情怀，激发学生科技报国的使命担当。

知识导图：

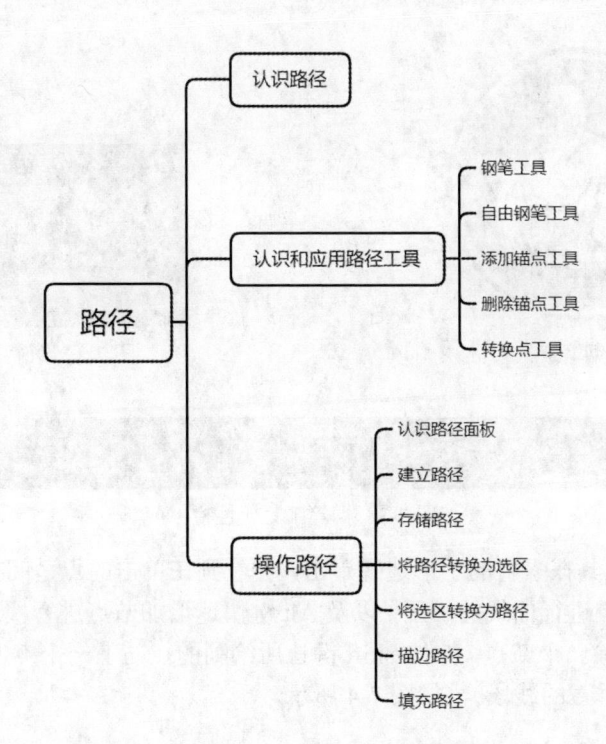

```
                ┌── 认识路径
                │
                │                    ┌── 钢笔工具
                │                    ├── 自由钢笔工具
       路径 ────┼── 认识和应用路径工具 ──┼── 添加锚点工具
                │                    ├── 删除锚点工具
                │                    └── 转换点工具
                │
                │                    ┌── 认识路径面板
                │                    ├── 建立路径
                │                    ├── 存储路径
                └── 操作路径 ─────────┼── 将路径转换为选区
                                     ├── 将选区转换为路径
                                     ├── 描边路径
                                     └── 填充路径
```

7.1 任务一 认识路径

路径由一个或多个直线段或曲线段组成。路径的形状是由锚点控制的,锚点标记路径线段的端点。每条线段的端点称为锚点,在画面上以小方格表示,实心的方格表示被选中的锚点。曲线上的锚点两端带有控制句柄,曲线的形状由它来调整。

利用 Photoshop 提供的路径功能,可以绘制线条或曲线,并可对绘制的线条进行填充和描边,完成一些绘画工具无法完成的工作。

路径的特点:路径是矢量的,可以任意变换大小;路径是独立存在的,可以在任意图层中使用。

7.2 任务二 认识和应用路径工具

7.2.1 钢笔工具

钢笔工具属于矢量绘图工具,其优点是可以勾画平滑的曲线,在缩放或变形之后仍能保持平滑效果。采用钢笔工具画出来的矢量图形称为路径,路径是矢量的。路径允许是不封闭的开放状,如果把起点与终点重合,则可以得到封闭的路径。

【操作实例】钢笔工具的抠图操作方法。

步骤 1:打开目录"素材/模块七"下的图片"1.jpg",如图 7-1 所示。

步骤 2:选择工具栏上的"钢笔工具",也可用快捷键 P 来快速选择,如图 7-2 所示。在窗口上方可看到钢笔工具属性栏,如图 7-3 所示。

图 7-1 钢笔工具素材

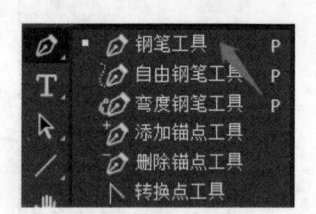

图 7-2 钢笔工具

图 7-3 钢笔工具属性栏

步骤 3:用钢笔工具在素材的手形边缘单击,会看到在单击的点之间有线段相连(钢笔工具描边时要活用 Ctrl 键进行曲线的修正,以及 Alt 键快速增加节点进行快速描边。当描边错误时可以用 Delete 键删除一个节点,按住 Shift 键让所绘制的点与上一个点保持 45°整数倍夹角,这样可以绘制水平或垂直的线段),如图 7-4 所示。

步骤4：当全部描完后，右击，在弹出的快捷菜单中选择"建立选区"，弹出"建立选区"对话框，羽化描边，如图7-5所示。

图7-4 使用钢笔工具绘制路径 　　　　　图7-5 使用钢笔工具创建选区

步骤5：单击"确定"按钮后，完成选区创建。如果想把图复制出来，则可以按 Ctrl+C 组合键；如果想在原文件中单独留下描边的手形，则可以按 Ctrl+Shift+I 组合键进行反选，如图7-6所示。按 Delete 键删除选区的外部文件，按 Ctrl+D 组合键，取消所选区域，效果如图7-7所示。

图7-6 反选选区 　　　　　图7-7 最终效果图

7.2.2 自由钢笔工具

自由钢笔工具是以自由手绘的方式在图像中创建路径，就像套索工具一样，当在图像中创建出第一个关键点以后，就可以任意拖动鼠标以创建形状不规则的路径。自由钢笔工具用于绘制不规则路径，其工作原理与磁性套索工具相同，它们的区别在于前者是建立选区，后者建立的是路径。

自由钢笔工具

1. 自由钢笔工具的操作方法

【操作实例】自由钢笔工具的操作。

步骤1：新建一个宽度为500像素、高度为600像素、前景色为白色的空白文档。

步骤2：选择工具栏中的"自由钢笔工具"，也可用快捷键P来快速选择，如图7-8所示。窗口界面上方可以看到自由钢笔工具属性栏，如图7-9所示。

步骤3：在其属性栏中勾选"磁性的"复选框，按住鼠标左键，在图像窗口中就可以使用自由钢笔工具自由绘制路径了。如果要将绘制的路径转换为选区，则可以使用 Ctrl+Enter 组合键；如果要将选区填充前景色，可以使用 Alt+Delete 组合键，如果要取消选区，可以使用 Ctrl+D 组合键。

图 7-8　自由钢笔工具

图 7-9　自由钢笔工具属性栏

2. 启用"磁性钢笔选项"的操作方法

选择"自由钢笔工具"后,在其属性栏勾选"磁性的"复选框,如图 7-10 所示。单击自由钢笔工具属性栏"磁性的"复选框左侧的"设置其他钢笔和路径"按钮,从弹出的"路径选项"对话框中设置参数,如图 7-11 所示。

图 7-10　勾选"磁性的"复选框

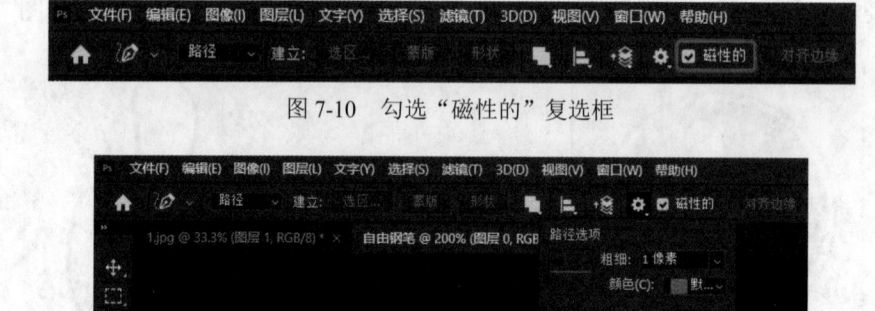

图 7-11　"路径选项"对话框

曲线拟合:在绘制路径时,路径锚点的多少取决于数值,数值越大(10 像素为最大),锚点越少;数值越小(0.5 像素为最小),锚点越多。

宽度:可以调整路径的选择范围,数值越大,选择的范围越大。按 CapsLock 键可以显示路径的选择范围。

对比:可以用磁性钢笔工具对图像中边缘的灵敏度进行设置,使用较高的值只能探测与周围强烈对比的边缘,使用较低的值则探测低对比度的边缘。

频率:设置路径上使用的锚点数量,值越大,绘制路径时产生的锚点越多。

钢笔压力:在使用绘图板输入图像时,根据光笔的压力改变"宽度"值。

【操作实例】启用磁性钢笔选项的操作。

步骤 1:打开目录"素材/模块七"下的图片"2.jpg"。

步骤 2:在自由钢笔工具属性栏上勾选"磁性的"复选框,在心形的任意边缘单击并按住鼠标左键,然后直接拖动鼠标,线就会自动附着上去。当鼠标指针变成钢笔边上一个"○"时,松开鼠标即可闭合路径，如图 7-12 所示。接下来就和钢笔工具一样可以对闭合的路径进行相关操作。

图 7-12　使用自由钢笔工具绘制路径

7.2.3　添加锚点工具

添加锚点工具用于在路径上添加新的锚点，该工具可以在已建立的路径上根据需要添加新的锚点，以便更精确地设置图形的轮廓。

添加锚点工具

【操作实例】使用添加锚点工具在路径中添加新的锚点。

步骤 1：打开目录"素材/模块七"下的图片"1.jpg"。

步骤 2：用钢笔工具创建如图 7-13 所示的路径，此时会发现大拇指的指尖描得不够精确，因此需在该处添加锚点以对路径进行调整。

图 7-13　使用钢笔工具创建路径

步骤 3：在工具栏中选择"添加锚点工具"，如图 7-14 所示，在路径中单击添加新锚点，并按住鼠标左键拖动，对路径进行调整，使勾出的路径更加精确，如图 7-15 所示。

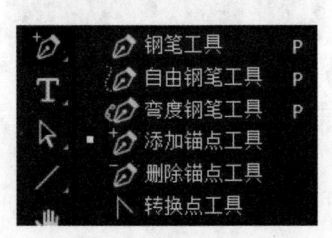

图 7-14　添加锚点工具　　　　　　　　　图 7-15　调整后的效果图

7.2.4 删除锚点工具

删除锚点工具用于删除路径上已经存在的锚点,具体操作为,使用该工具单击路径线段上已经存在的锚点即可将其删除。

删除锚点工具

【操作实例】使用删除锚点工具删除路径上的锚点。

步骤 1:新建一个空白文档,使用横排文字工具输入一个小写字母 p,字体为 Arial,字体样式为 Bold,大小为 200 像素,消除锯齿的方法为平滑,颜色为绿色,如图 7-16 所示。

步骤 2:按住 Ctrl 键,在"图层"面板中单击"文字图层"缩略图,载入其选区,如图 7-17 和图 7-18 所示。

图 7-16 小写字母 p   图 7-17 将文字图层载入选区   图 7-18 字母 p 选区

步骤 3:切换到"路径"面板,单击面板中的"从选区生成工作路径"按钮,此时会发现创建了"工作路径",如图 7-19 所示。

步骤 4:切换到"图层"面板,隐藏文字图层,将选区生成路径,如图 7-20 所示。

图 7-19 将选区生成路径   图 7-20 隐藏文字图层并生成路径

步骤 5:选择工具栏中的"删除锚点工具",删除如图 7-21 所示的一个锚点,得到如图 7-22 所示的形状效果。

步骤 6:按 Ctrl+Enter 组合键将路径转换为选区,并在"图层"面板中单击"创建新图层"按钮创建一个图层。

步骤 7：设置一个前景色，按 Alt+Delete 组合键用前景色填充选区，按 Ctrl+D 组合键取消选区，最终效果如图 7-23 所示。

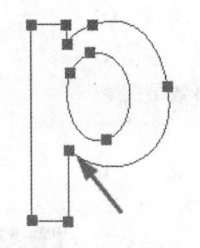

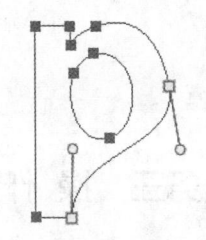

图 7-21　删除该锚点　　　　图 7-22　删除锚点后的形状　　　　图 7-23　最终效果图

7.2.5　转换点工具

转换点工具可以转换锚点类型，让锚点在平滑点和角点之间互相转换，也可以使路径在曲线和直线之间相互转换。

按 Alt 键，可以将钢笔工具转换为转换点工具。

【操作实例】转换点工具的基本使用方式。

步骤 1：在工具栏中选择"转换点工具"，如图 7-24 所示。将鼠标指针移动到需要转换的锚点上并单击，如图 7-25 所示。

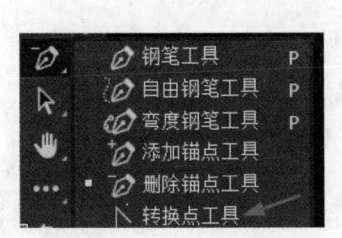

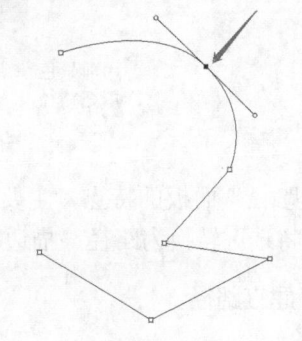

图 7-24　转换点工具　　　　图 7-25　用转换点工具单击锚点

步骤 2：将曲线路径锚点转换为直角锚点，同时曲线路径转换为直线路径，如图 7-26 所示。

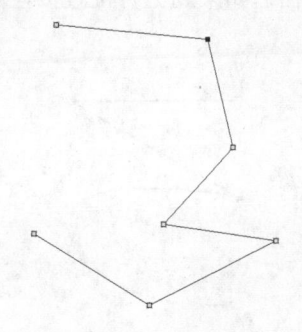

图 7-26　用转换点工具转换为直线路径

步骤 3：按住 Ctrl 键，再按住鼠标左键可以移动图像窗口路径上的锚点位置，如图 7-27 所示，移动后的效果如图 7-28 所示。

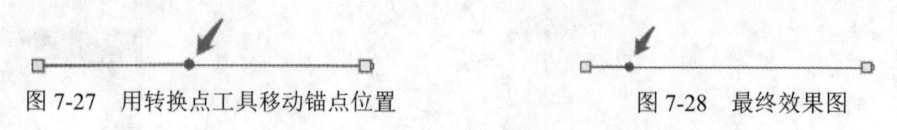

图 7-27　用转换点工具移动锚点位置　　　　图 7-28　最终效果图

7.3　任务三　操　作　路　径

7.3.1　认识路径面板

在菜单栏上执行"窗口"→"路径"命令，打开"路径"面板，其主要作用是对已经建立的路径进行管理和编辑处理，如图 7-29 所示。

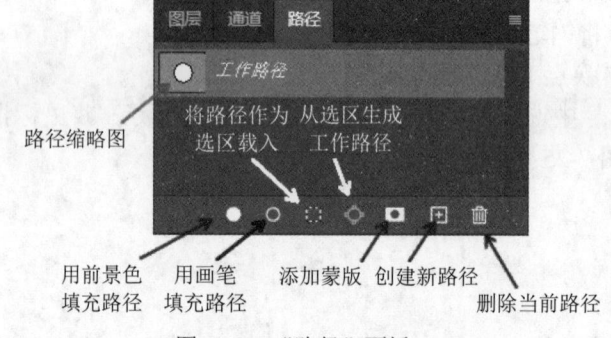

图 7-29　"路径"面板

针对"路径"面板的特点，主要介绍在"路径"面板中建立路径、存储路径、将路径转换为选区、将选区转换为路径、描边路径及填充路径等操作技巧。

7.3.2　建立路径

钢笔工具是建立路径的基本工具，使用该工具可以创建线段路径和曲线路径。

选择工具栏中的"钢笔工具"，用鼠标在图像中某一位置单击以确定路径起点，移动鼠标到另一位置单击，此时创建了直线路径，如果到另一位置按住鼠标左键，则可创建曲线路径，如图 7-30 所示。

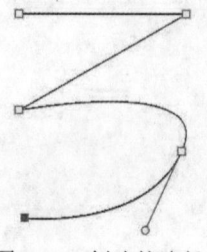

图 7-30　创建的路径

7.3.3 存储路径

存储路径是提高工作效率的有效方法。因为在需要使用某一路径的时候，可以直接载入存储的路径，而无须浪费时间再次绘制该路径。

绘制路径后，打开"路径"面板，单击其右上角的菜单按钮，打开"路径"面板控制菜单，执行"存储路径"命令，如图 7-31 所示。

打开"存储路径"对话框，设置路径名称，单击"确定"按钮，如图 7-32 所示。

图 7-31　存储路径　　　　　　图 7-32　"存储路径"对话框

7.3.4 将路径转换为选区

在实际的应用中，路径转化为选区的使用频率非常高，因为在图像文件中，任何局部的操作都必须在选区范围内完成，所以一旦获得了准确的路径形状后，一般情况下会将路径转换为选区。

【操作实例】将路径转换为选区。

步骤 1：创建一个椭圆形路径，然后在"路径"面板上单击"将路径作为选区载入"按钮即可将路径自动转换为选区。

步骤 2：按下 Alt 键，单击"路径"面板上的"将路径作为选区载入"按钮，此时会弹出"建立选区"对话框，如图 7-33 所示，另外，使用 Ctrl+Enter 组合键也可以将路径转换为选区。

图 7-33　"建立选区"对话框

7.3.5 将选区转换为路径

选区与路径之间是可以互相进行转换的。

【操作实例】将选区转换为路径。

步骤1：在选区的状态下，在"路径"面板上单击"从选区生成工作路径"按钮，这样就可将选区转换为路径。

步骤2：在选区的状态下，按住 Alt 键单击"路径"面板上的"从选区生成工作路径"按钮，此时会弹出"建立工作路径"对话框，设置好容差值后单击"确定"按钮也可将选区转换为路径。

7.3.6 描边路径

"描边路径"命令在绘制外轮廓形状的时候起到很大的作用，也显示出了其优越性。"描边路径"命令的执行前提条件是"路径"已经存在，否则该命令将不会被执行。

【操作实例】利用"描边路径"命令绘制外轮廓形状。

步骤1：选择工具栏中的"自定义形状工具"，在其属性栏上单击"形状"右侧的下拉按钮，在打开的下拉列表框中选择"野生动物"第一行第一个形状，如图 7-34 所示。

步骤2：按住鼠标左键在文件窗口中拖动绘制出形状，如图 7-35 所示。

图 7-34　选择形状　　　　图 7-35　绘制形状

步骤3：设置前景色，选择工具栏中的"画笔工具"并在其属性栏上设置画笔大小，按住 Alt 键的同时单击"路径"面板上的"用画笔填充路径"按钮。

步骤4：在弹出的"描边路径"对话框中选择工具为"画笔"，如图 7-36 所示，最终效果如图 7-37 所示。

图 7-36　选择"画笔"　　　　图 7-37　最终效果图

7.3.7 填充路径

"填充路径"就是对路径块面的填充,执行该命令首先要有一个路径,然后才能对其进行填充,否则该命令将不会被执行。

【操作实例】利用"填充路径"命令对路径块面进行填充。

步骤 1:打开目录"素材/模块七"下的图片"3.jpg"。

步骤 2:使用钢笔工具创建路径,如图 7-38 所示。

图 7-38 创建路径

步骤 3:切换到"图层"面板新建图层,并将前景色设置为#e35535。

步骤 4:切换到"路径"面板,按住 Alt 键的同时单击面板下方的"用前景色填充路径"按钮,此时弹出"填充路径"对话框,并设置相关参数,如图 7-39 所示。

步骤 5:填充路径完成后的效果如图 7-40 所示,此时会发现花朵的颜色变成紫色了。

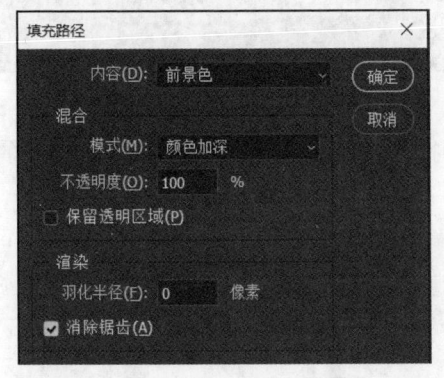

图 7-39 "填充路径"对话框

图 7-40 效果图

7.4 项目实训

7.4.1 情境描述

当前,无线路由器在家庭中使用得越来越广泛,某品牌的路由器 AX3,具有双频千兆、一碰连网、上网保护、穿透力强等突出特点,因此在家庭中应用非常广泛。

某公司在网上开了一家销售网络设备的店铺,准备主推 AX3 这款无线路由器。假如你是公司的一名电子商务广告设计师,请你为这款路由器制作一张宣传海报,放置在店铺首页上。

7.4.2 设计要求

请根据"情境描述"内容,自行在搜集无线路由器 AX3 相关资源,并使用提供的素材设计一张能体现该产品特点的宣传海报。

7.4.3 实现过程

步骤 1:新建一个宽度为 400 像素、高度为 400 像素的文档,然后使用椭圆工具,按住 Shift 键在画布上画一个正圆,如图 7-41 和图 7-42 所示。

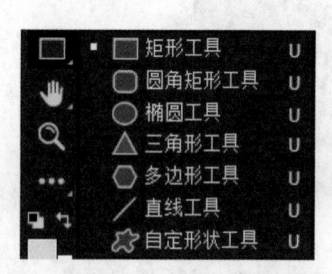

图 7-41 椭圆工具

图 7-42 画正圆

步骤 2:在椭圆工具属性栏中设置正圆无填充,并适当调整描边大小,选择描边颜色为蓝色,如图 7-43 和图 7-44 所示。

图 7-43 椭圆工具属性栏

步骤 3:复制图层,按住 Ctrl+T 组合键自由变换,按住 Shift 键等比例变换。使新的正圆在原正圆里面,如图 7-45 所示。

图 7-44 设置描边

图 7-45 复制图层

步骤 4:按照同样的步骤做出如图 7-46 所示的圈圈层。

步骤 5:使用直接选择工具,按住 Shift 键选中如图 7-47 所示的两个锚点,然后按 Delete 键删除锚点,得到如图 7-48 所示效果。

图 7-46　圈圈层　　　　　　　　　　　图 7-47　直接选择工具

步骤 6：同理对每一个圈圈进行锚点的选择、删除，效果如图 7-49 所示。

图 7-48　删除锚点的效果　　　　　　　图 7-49　效果图

步骤 7：全选所有图层，按住 Ctrl+T 组合键进行旋转，如图 7-50 所示。然后单击属性栏的"设置形状描边类型"按钮，在弹出的"描边选项"对话框中，将端点选为椭圆，如图 7-51 所示。

图 7-50　旋转所有图层　　　　　　　　图 7-51　选择端点

步骤 8：将每个图层的描边设置好后得到如图 7-52 所示的效果。

图 7-52　描边图层

步骤 9：选中所有图层，使用组合键 Ctrl+G 进行编组。

步骤 10：打开"素材/模块七"下的背景图片"4.png"，然后分别置入"素材/模块七"下的房子图片"5.jpg"、路由器图片"6.png"、顺丰包邮图片"7.png"，并调整图片的大小及位置，如图 7-53 所示。

图 7-53　置入图片

步骤 11：使用文字工具，在画布上输入文本内容，并设置字体大小、颜色等参数，得到如图 7-54 所示的效果。

图 7-54　输入文本内容

步骤 12：置入"素材/模块七"下的立即预约图片"8.png"，调整其大小及位置，如图 7-55 所示。

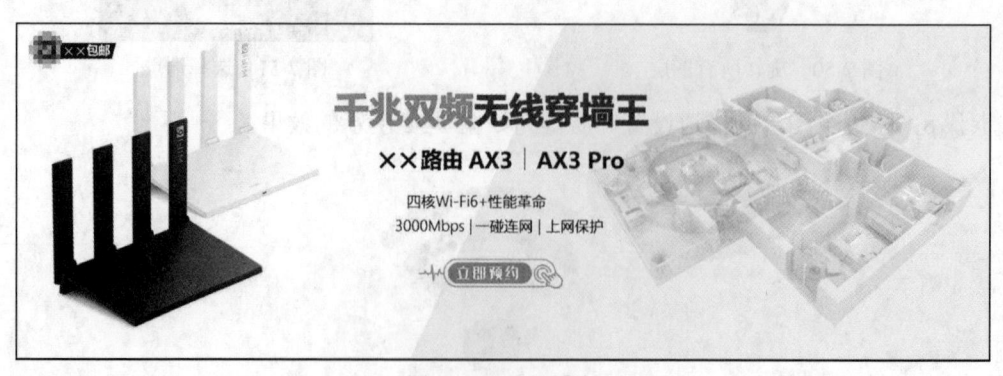

图 7-55　置入图片

步骤 13：使用椭圆工具，在画布上绘制一个恰当的红色实心圆，调整其位置后得到如图 7-56 所示的效果。

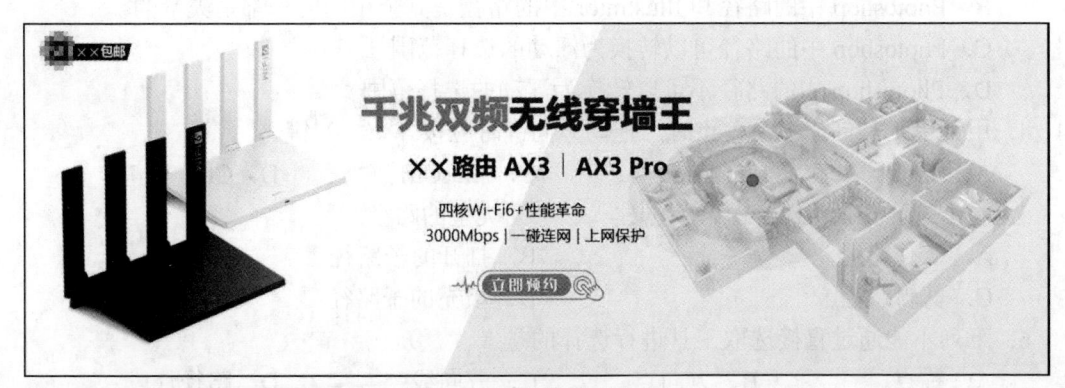

图 7-56　绘制红色实心圆

步骤 14：把前面绘制的 Wi-Fi 图标复制到本文档，然后将该图标再复制三个，并移到如图 7-57 所示的位置，此时得到本项目的最终效果图。

图 7-57　最终效果图

习　题

一、选择题

1. 下列选项中，不是图层剪贴路径所具有的特征的是（　　）。
   A．相当于一种具有矢量特性的蒙版
   B．和图层蒙版具有完全相同的特性，都是依赖图像分辨率的
   C．可以转化为图层蒙版
   D．是由钢笔工具或图形工具创建的
2. "路径"面板的路径名称（　　）用斜体字表示。
   A．当路径是"工作路径"的时候　　B．当路径被存储以后
   C．当路径断开、未连接的情况下　　D．当路径是剪贴路径的时候

3. 下列描述正确的是（　　）。
   A．Photoshop 中的路径和 Illustrator 中的路径是不同的
   B．Photoshop 中的路径和 Illustrator 中的路径是完全相同的，都是矢量的
   C．Photoshop 中的路径可以转换为浮动的选择范围
   D．Photoshop 中的路径不可以转换为浮动的选择范围
4. 用钢笔工具创建一个角点时，拖动方向键时应按（　　）键。
   A．Shift　　　　B．Alt　　　　C．Alt+Ctrl　　　　D．Ctrl
5. 当由选区转换成路径时，将创建（　　）类型的路径。
   A．工作路径　　　　　　　　　B．打开的子路径
   C．剪辑路径　　　　　　　　　D．填充的子路径
6. 下列不能通过直接选取工具进行选择的是（　　）。
   A．锚点　　　　B．方向点　　　　C．方向线　　　　D．路径片段
7. 钢笔工具的最主要用途是（　　）。
   A．画矢量图　　　　B．处理像素　　　　C．创建选区
8. 使用（　　）可以选中路径上的某个锚点，并可以对锚点进行变形操作。
   A．路径选择工具　　　　　　　B．直接选择工具
   C．添加锚点工具　　　　　　　D．自由钢笔工具
9. 在按住 Alt 键的同时，使用（　　）工具将路径选择后，拖拉该路径会将该路径复制。
   A．钢笔　　　　　　　　　　　B．自由钢笔
   C．直接选择　　　　　　　　　D．移动
10. 在 Photoshop 中，可以将路径转换为选区的快捷键是（　　）。
    A．Ctrl+Enter　　　　　　　　B．Ctrl+Alt+Enter
    C．Ctrl+T　　　　　　　　　　D．Ctrl+F

二、判断题

1. 自由钢笔工具用于绘制任意形状的曲线路径。（　　）
2. 使用钢笔工具绘制的路径会直接保存在"路径"面板中，保存为"路径 1"。（　　）
3. 只能用画笔工具对路径进行描边。（　　）
4. 在路径建立好后，可以将路径转换为选区，也可将选区转换为路径。（　　）
5. 路径只能描边，只有将其转换为选区后才能进行填充。（　　）
6. 用椭圆工具绘制图形时，按下 Shift 键可以绘制正圆。（　　）
7. 当路径建立完毕后，仍可以修改路径上的锚点属性。（　　）
8. 用按键删除锚点和路径，按 Delete 键或 Backspace 键，可以删除选中的锚点。
   （　　）

三、思考题

1. 什么是路径？其包括哪些基本组成元素？
2. 路径工具包括哪几类？
3. 在 Photoshop 中绘制路径的方法有哪些？

4．钢笔工具和自由钢笔工具的作用各是什么？
5．路径中的锚点分为哪两类，两者有什么区别？

拓 展 训 练

任务一：请使用路径及相关知识制作如图 7-58 所示的图形。
任务二：请使用路径及相关知识制作如图 7-59 所示的钻石图形。

图 7-58　图形效果 1

图 7-59　图形效果 2

任务三：请使用路径及相关知识制作如图 7-60 所示的图形效果。

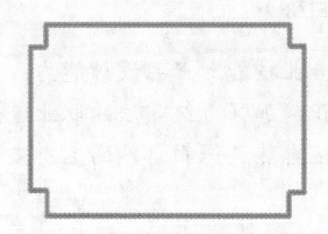

图 7-60　图形效果 3

任务四：请利用所提供的素材，使用路径抠图的方法把如图 7-61 所示的玫瑰花瓣抠出来。

图 7-61　玫瑰花

任务五：请使用路径及文字工具制作一个红印章。

模块八　绘图和修图

学习目标

知识目标：

- 认识绘图工具和修图工具。
- 了解 Photoshop 2021 中绘图工具与修图工具的相关知识。

能力目标：

- 熟练运用绘图工具和修图工具。
- 掌握基本作图、修图方法。

素质目标（含"课程思政"目标）：

- 培养学生的职业修养、专业技能、产品设计能力，提高学生的职业素养和人文素养。
- 提升知识产权保护的意识，加强遵纪守法的职业道德修养。
- 培养学生尊重自然、顺应自然、保护自然的生态文明理念。

知识导图：

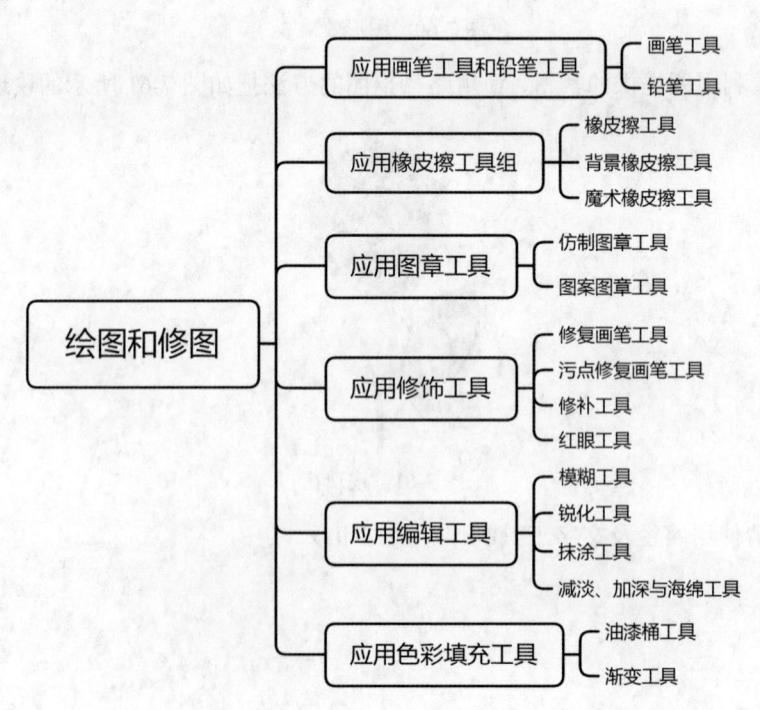

```
                          ┌─ 应用画笔工具和铅笔工具 ─┬─ 画笔工具
                          │                          └─ 铅笔工具
                          │
                          │                          ┌─ 橡皮擦工具
                          ├─ 应用橡皮擦工具组 ────────┼─ 背景橡皮擦工具
                          │                          └─ 魔术橡皮擦工具
                          │
                          │                          ┌─ 仿制图章工具
                          ├─ 应用图章工具 ────────────┤
                          │                          └─ 图案图章工具
                          │
                          │                          ┌─ 修复画笔工具
  绘图和修图 ─────────────┤                          ├─ 污点修复画笔工具
                          ├─ 应用修饰工具 ────────────┼─ 修补工具
                          │                          └─ 红眼工具
                          │
                          │                          ┌─ 模糊工具
                          │                          ├─ 锐化工具
                          ├─ 应用编辑工具 ────────────┼─ 抹涂工具
                          │                          └─ 减淡、加深与海绵工具
                          │
                          │                          ┌─ 油漆桶工具
                          └─ 应用色彩填充工具 ────────┤
                                                     └─ 渐变工具
```

8.1 任务一 应用画笔工具和铅笔工具

8.1.1 画笔工具

画笔工具,顾名思义就是用来绘制图画的工具。画笔工具是手绘时最常用的工具,它可以用来上色、画线等。使用画笔工具既可以画出边缘比较柔和流畅的线条,也可以绘制出各种漂亮的图案。

在工具栏中,可以右击或按住鼠标左键选择"画笔工具",也可以通过快捷键 B 来快速选择,如图 8-1 所示。

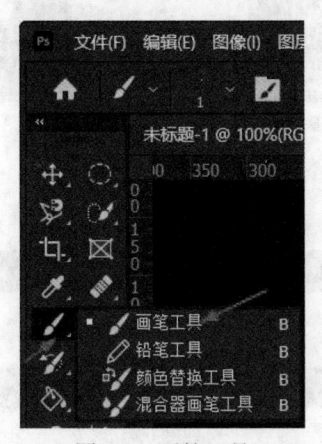

图 8-1 画笔工具

画笔工具属性栏如图 8-2 所示。

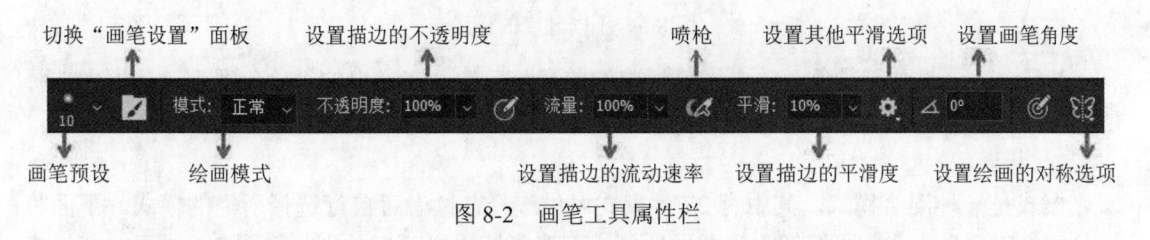

图 8-2 画笔工具属性栏

1. 画笔预设

画笔预设可以调节画笔的大小和硬度。画笔预设属性栏如图 8-3 所示。

【操作实例】调节画笔的大小、硬度和颜色。

步骤 1:在工具栏中选择"画笔工具",在画笔工具属性栏中单击"画笔预设"按钮,然后选择常规画笔中的"硬边圆",并设置大小和硬度,如图 8-4 所示。

步骤 2:在画布上随意画出图形。如果要将画笔的笔刷变大或变小,则可以在画笔工具属性栏将画笔调大或调小,也可通过键盘上的] 键增大画笔, [键减小画笔。

步骤 3:调整画笔的硬度。将画笔的硬度分别调为 100%、50%、0%然后画直线,如图 8-5 所示,可见硬度较低的效果比较柔和,图形会比较自然。如果要绘画直线,则按住键盘 Shift 键再绘画即可。

图 8-3　画笔预设属性栏　　　　　　　　图 8-4　选择画笔

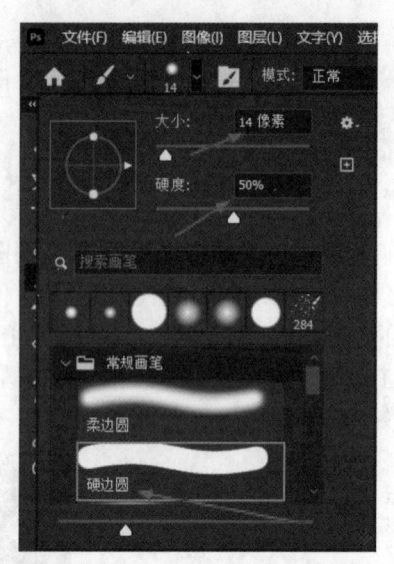

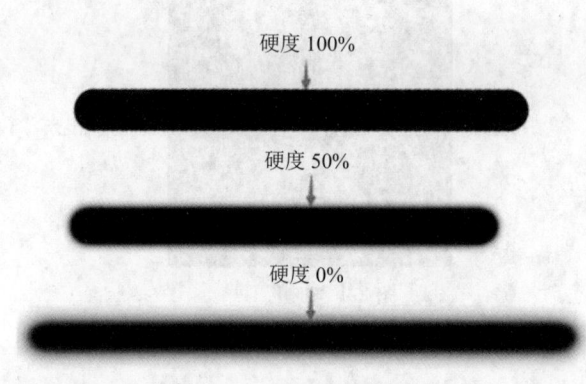

图 8-5　不同硬度的直线

步骤 4：更改画笔颜色。单击工具栏中的前景色色块，在弹出的"拾色器"对话框中选择所需的颜色即可。

2. 模式

模式是一种混合模式，其中有 27 种模式可供选择，读者可自行选择所需的模式。下面将画笔的"正常"模式与"溶解"模式做比较，可清晰地看出两者差别，如图 8-6 所示。其他模式就请读者自行学习。

(a)"正常"模式　　　　　　　　　　(b)"溶解"模式

图 8-6　画笔工具的模式比较

3. 不透明度

不透明度可以用来调整画笔的不透明程度。

将不透明度分别调整为 100%、60%、20%，并将其绘制出来，可见不同透明度的画笔画出来的效果是不同的，数值越小，透明程度越高，如图 8-7 所示。

4. 流量控制

流量控制用来控制画笔颜色的轻重，就好比实物画笔中墨水的多少，墨水越多，画出的效果越浓；墨水越少，画出的效果越淡。

分别选择流量 100%、60%、20%，并将其绘制出来，如图 8-8 所示。

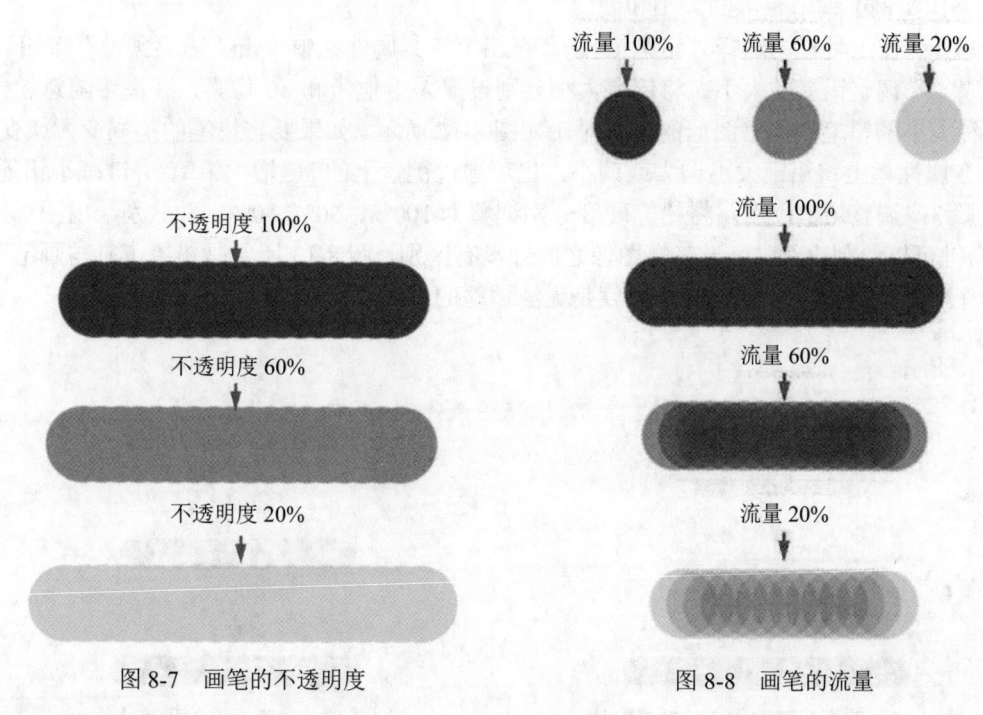

图 8-7　画笔的不透明度

图 8-8　画笔的流量

5. 喷枪

当按下画笔按下不动时，绘图痕迹不会向周围扩散，但是打开喷枪设置，按下画笔不动时，绘图痕迹就会向周围扩散。

"喷枪"图标前面的百分比设置就是喷枪的设置，如果其数值为 100%，则相当于喷枪不起作用。没有启动喷枪（数值设为 100%）与启动喷枪绘图的效果对比如图 8-9 所示，可以发现启动喷枪后绘图的痕迹会向周围扩散。

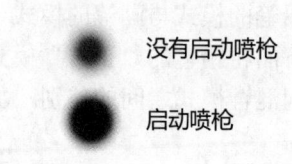

图 8-9　喷枪启动前后的效果对比

8.1.2　铅笔工具

在工具栏中，可以右击或按住鼠标左键来选择"铅笔工具"，如图 8-10 所示，也可以通过快捷键 B 来快速选择。

铅笔工具属性栏如图 8-11 所示。

铅笔工具

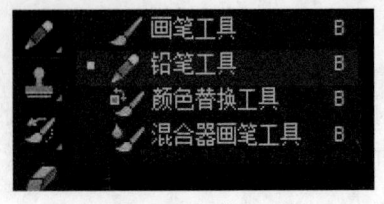

图 8-10 铅笔工具 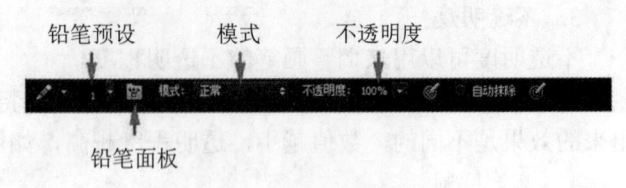　　　　　　　　　　　　图 8-11 铅笔工具属性栏

1. 铅笔预设

铅笔预设的用法和画笔预设类似。

【操作实例】调节铅笔的大小和硬度。

步骤 1：在工具栏中选择"铅笔工具"，在铅笔工具属性栏中单击"铅笔预设"按钮。

步骤 2：调整铅笔的大小。将铅笔大小分别设置为 1 像素和 30 像素，在图中随意绘出图形，两种大小的铅笔所绘出图形的效果对比如图 8-12 所示。如果要将铅笔的笔刷变大或变小，则可以在属性栏上将铅笔大小调大或调小，也可通过键盘上的] 键增大铅笔，[键减小铅笔。

步骤 3：调整铅笔硬度。将铅笔硬度分别调整为 100%、50%、0%，并分别绘出图形，按住 Shift 键可以绘制直线。可见三幅图像之间并没有区别，图 8-13 所示是铅笔工具与画笔工具之间一个明显的区别，铅笔工具的硬度是无法调整的。

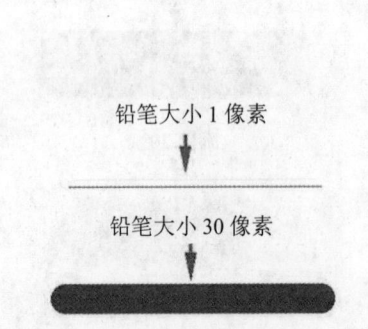

图 8-12 改变铅笔的大小的效果对比 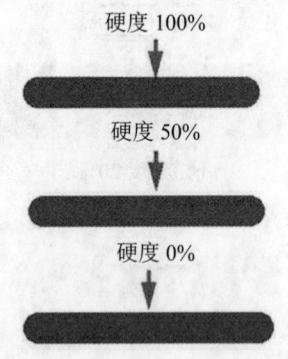　　　　图 8-13 改变铅笔的硬度大小

2. 模式

铅笔的模式与画笔的模式一样，有 27 种混合模式可供使用。

下面将铅笔的"正常"模式、"颜色减淡"模式和"柔光"模式做比较，通过图片可以看出不同混合模式之间的差别，如图 8-14 所示。

图 8-14 铅笔的模式比较

3. 不透明度

不透明度可以用来调整铅笔的不透明程度。

将不透明度分别调整为 100%、60%、20%，并将其绘制出来，如图 8-15 所示。可以看出不同透明度之间透明程度是不同的，数值越小透明程度越高。

4. 自动抹除

自动抹除是指用铅笔工具在先前画的地方进行涂抹，先前的东西就会被抹除成背景色。

没开启自动抹除的时候，在原先的图上进行涂抹时不会发生改变；而开启了自动抹除后会将背景色涂上去，如图 8-16 所示。

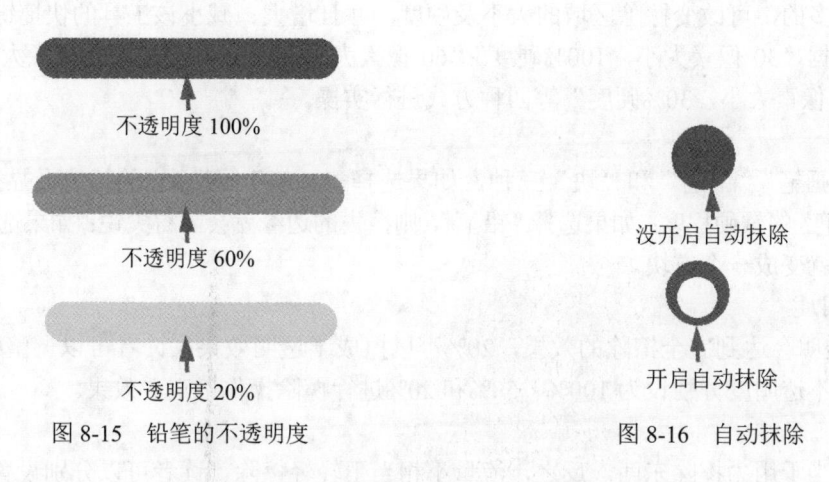

图 8-15　铅笔的不透明度

图 8-16　自动抹除

8.2　任务二　应用橡皮擦工具组

8.2.1　橡皮擦工具

橡皮擦工具的作用是用来擦去不要的某部分。如果是"背景"图层，那它擦去的部分就会显示为背景色的颜色；如果是普通图层，那么这时擦掉的部分会变成透明区（即马赛克状）。

在工具栏中选择"橡皮擦工具"，或者在键盘上按 E 键就能打开橡皮擦工具，如图 8-17 所示。

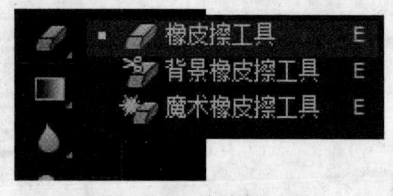

图 8-17　橡皮擦工具

橡皮擦工具属性栏如图 8-18 所示。

画笔预设　　模式　　　　　　　流量

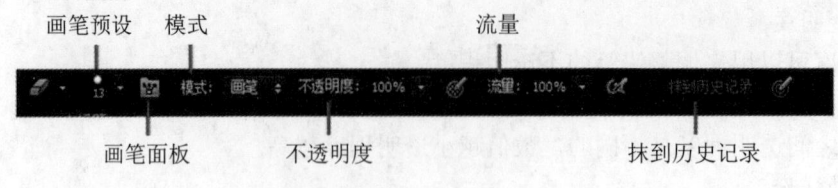

画笔面板　　不透明度　　　　　抹到历史记录

图 8-18　橡皮擦工具属性栏

1. 画笔预设

打开"画笔预设",可以发现橡皮擦工具与画笔工具、铅笔工具基本一样,使用方法与功能也基本差不多的,可改变擦除区域的大小及硬度,并且增大、减小该工具的快捷键也相同。

读者可根据"30 像素大小,100%硬度""60 像素大小,100%硬度""60 像素大小,60%硬度"和"60 像素大小,30%硬度"等四种方式进行实操。

2. 模式

模式有"画笔""铅笔"和"块"三种。如果选择"画笔",那么它的边缘会显得柔和,也可改变"画笔"的软硬程度;如果选择"铅笔",则擦去的边缘就会显得尖锐;如果选择"块",则橡皮擦工具就变成一个方块。

3. 不透明度

100%不透明会达到完全擦除的效果,20%可以擦成半透明效果,读者可以调整橡皮擦的不透明度,将不透明度分别设为 100%、50%和 20%进行擦除操作以观看效果。

4. 流量

流量大相当于用力擦除东西,反之,流量小相当于轻轻擦除。读者可以分别设置 100%、50%和 20%的流量来擦除以观看效果。

5. 抹到历史记录

抹到历史记录可以直接擦除所有图层的涂改,直接恢复到打开时的背景图层原图像。

【操作实例】橡皮擦工具的使用方法。

步骤 1:打开目录"素材/模块八"下的图片"1.jpg"。

步骤 2:在工具栏中选择"橡皮擦工具",在图片的任意位置使用橡皮擦工具,如果擦去的是"背景"图层,那么擦去的部分就会变成背景色的颜色,如图 8-19 所示。

图 8-19　擦去"背景"图层

步骤 3:将图层转换为普通图层,擦去的部分就会变成透明区,如图 8-20 所示。

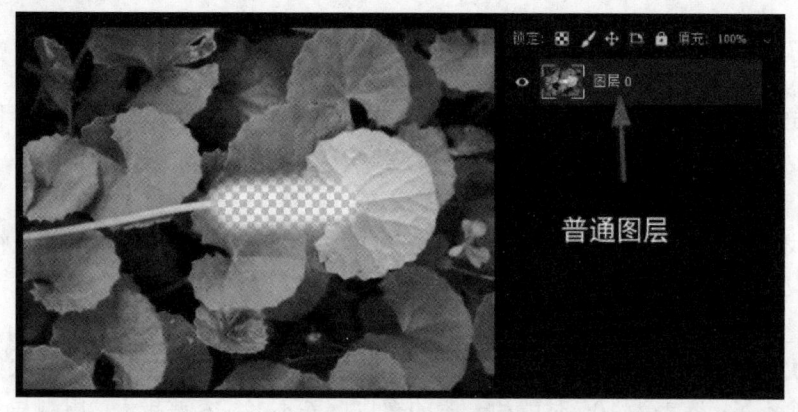

图 8-20　擦去普通图层

8.2.2　背景橡皮擦工具

背景橡皮擦是 Photoshop 中的一个工具，它位于橡皮擦工具组中，只需要单击"橡皮擦工具"不放，就会弹出一个工具菜单，里面就会有"背景橡皮擦工具"。

在工具栏中单击"橡皮擦工具"，将其切换到"背景橡皮擦工具"，或者按住 Shift+E 快捷键来切换，如图 8-21 所示。

图 8-21　背景橡皮擦工具

背景橡皮擦工具属性栏如图 8-22 所示。

图 8-22　背景橡皮擦工具属性栏

1. 画笔预设

参考前面的画笔预设。

2. 取样方式

取样方式有"连续取样""一次取样""背景色板取样"三种。

（1）连续取样：以光标中的十字架为取样的定位点，并随着拖移可以连续取样。

（2）一次取样：即光标第一次单击所选择的颜色，接下来便会以这个颜色为基准色，后面只会抹除和包含这个颜色的区域。

（3）背景色板取样：只会抹除包含当前背景色的区域。

3. 限制模式

限制模式有"不连续""连续""查找边缘"三种。"不连续"抹除出现在画笔任何位置的样本颜色;"连续"抹除包含样本颜色且相互连接的区域;"查找边缘"抹除包含样本颜色的连接区域,同时更好地保留形状边缘的锐化程度。其实这三种模式的限制并不明显,建议使用"不连续"选项。

用"查找边缘"抹除,可以看到被抹除区域的边缘是被保存下来的,并且很锐利,如图 8-34 所示。

4. 容差

当第一次要抹除所选择的颜色(即取样色),容差为 0 时,就表示只抹除取样色,周围的其他颜色抹除不了;容差为 100 时就和一般的橡皮擦差不多。容差越大,周围与其相近的颜色就更容易被抹除,反之亦然。

5. 保护前景色

保护前景色即把不想抹除的颜色设置为前景色,并勾选"保护前景色"复选框。这样和前景色相同的颜色就不会被抹除。

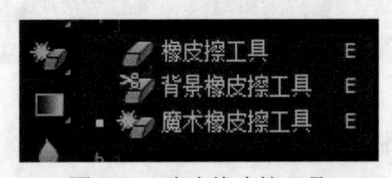

8.2.3 魔术橡皮擦工具

魔术橡皮擦工具的主要作用是当图片主体跟背景的颜色差别较大时,可以用魔术橡皮擦工具擦除背景。

在工具栏中单击"橡皮擦工具组",将其切换到"魔术橡皮擦工具",或者按住 Shift+E 组合键来切换,如图 8-23 所示。

图 8-23 魔术橡皮擦工具

魔术橡皮擦工具属性栏如图 8-24 所示。

图 8-24 魔术橡皮擦工具属性栏

容差:容差较小时抹除,对颜色的要求会比较高,抹除的区域也会比较小;容差较大时抹除,对颜色的要求就比较低,抹除的区域也会比较大。

消除锯齿:可以让抹除区域的边缘达到一个平滑的效果。

连续:勾选"连续"复选框,抹除掉图片中的白色区域时,会抹除掉连续的白色区域,不连续的不会被抹除;反之不勾选"连续"复选框的情况下抹除掉图片中的白色区域,会抹除掉整个图层中相同或相近的颜色区域。

对所有图层取样:在对多图层的图片进行处理时可以使用。

不透明度:主要用在填充区域的不透明度的设置。

【操作实例】魔术橡皮擦工具属性栏的使用方法。

步骤 1：打开目录"素材/模块八"下的图片"2.jpg"。

步骤 2：在工具栏中选择"魔术橡皮擦工具"，单击图片白色背景区域可以发现白色背景区域消失了，变成透明的，并且"背景"图层变成普通图层。使用魔术橡皮擦工具前后的图片效果对比如图 8-25 和图 8-26 所示。

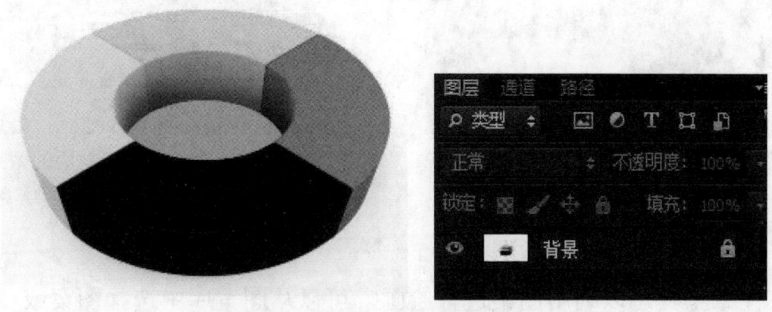

图 8-25　使用魔术橡皮擦工具前

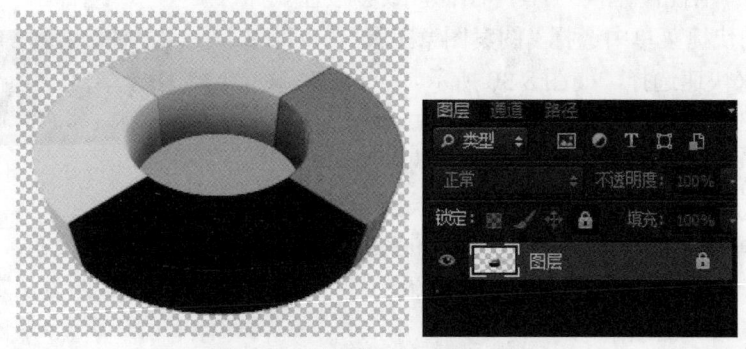

图 8-26　使用魔术橡皮擦工具后

8.3　任务三　应用图章工具

8.3.1　仿制图章工具

仿制图章工具可以通过取样，选取图片的一个地方去填补另外一个地方；也可以说复制一部分，去填补另一个地方。

在工具栏中，右击"图章工具"图标，或者按住鼠标左键，在弹出的快捷菜单中选择"仿制图章工具"，也可以通过快捷键 S 来快速选择，如图 8-27 所示。

【操作实例】仿制图章工具的使用方法。

图 8-27　仿制图章工具

步骤 1：打开目录"素材/模块八"下的图片"3.jpg"。

步骤 2：按住 Alt 键选取取样源，如图 8-28 所示，然后在目标位置按住鼠标左键根据取样源进行涂抹，得到如图 8-29 所示的效果。

图 8-28　确定取样源　　　　　　　　　　　图 8-29　仿制后的效果图

8.3.2　图案图章工具

使用图案图章工具可以利用图案进行绘画，可以从图案库中选择图案或自定义图案。

在工具栏中，右击"图章工具"图标，或者按住鼠标左键，在弹出的快捷菜单中选择"图案图章工具"，也可以通过快捷键 S 来快速选择，如图 8-30 所示。

图 8-30　图案图章工具

【操作实例】图案图章工具的使用方法。

步骤 1：打开目录"素材/模块八"下的图片"4.jpg"。

步骤 2：执行菜单栏的"编辑"→"定义图案"命令，在弹出的对话框中输入图案名称为"桌布图案"的图案，单击"确定"按钮。

步骤 3：打开目录"素材/模块八"下的图片"5.jpg"，按照步骤 2 的方法定义一个图案名称为"包装盒图案"的图案。

步骤 4：打开目录"素材/模块八"下的图片"6.jpg"，按 Ctrl+J 组合键复制图层。

步骤 5：在复制的图层上创建选区，如图 8-31 所示。

图 8-31　创建选区

步骤 6：在工具栏中选择"图案图章工具"，在其属性栏选择"包装盒图案"，如图 8-32 所示。

步骤 7：在选区上进行涂抹，如图 8-33 所示。

图 8-32 选择"包装盒图案"

图 8-33 涂抹"包装盒图案"的效果

步骤 8：按 Ctrl+Shift+I 组合键反选选区，然后使用图案图章工具在选区涂抹"桌布图案"，涂抹后的效果如图 8-34 所示。

步骤 9：设置该复制图层的混合模式为"正片叠底"，得到的最终效果如图 8-35 所示。

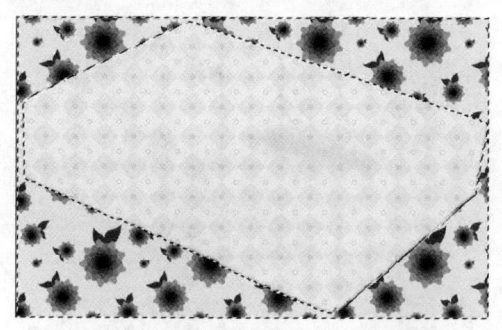

图 8-34 涂抹"桌布图案"的效果

图 8-35 最终效果图

8.4 任务四 应用修饰工具

8.4.1 修复画笔工具

利用修复画笔工具可以快速移去图片中的污点和其他不理想部分，适用于纯色背景、有自然纹理渐变的背景，如皮肤、有云朵渐变的天空等，不适用于与周围环境有衔接的脏污处等。

修复画笔工具

在工具栏中选择"修复画笔工具"，如图 8-36 所示，该工具属性栏如图 8-37 所示。

图 8-36 修复画笔工具

图 8-37　修复画笔工具属性栏

取样：此选项可以用取样点的像素来覆盖单击点的像素，从而达到修复的效果。选择此单选按钮，必须按下 Alt 键进行取样。

图案：指用修复画笔工具移动过的区域以所选图案进行填充，并且图案会和背景色融合。

对齐：勾选"对齐"复选框，再进行取样，然后修复图像，取样点位置会随着光标的移动而发生相应的变化；若取消勾选"对齐"复选框，再进行修复，则取样点的位置是保持不变的。

【操作实例】修复画笔工具的使用。

步骤 1：打开目录"素材/模块八"下的图片"7.jpg"。

步骤 2：在工具栏中选择"修复画笔工具"，按住 Alt 键选择与要抹除位置的颜色相近的区域进行取样（定义源），取样成功后在要抹涂的区域进行抹涂，原图和效果图如图 8-38 和图 8-39 所示。

图 8-38　修复画笔工具为修复前 　　　　图 8-39　修复画笔工具修复后

注意：修复画笔工具和仿制图章工具一样，如果没有按住 Alt 键进行取样，则会出现如图 8-50 所示的弹窗提示。

图 8-40　修复画笔工具未定义源

8.4.2 污点修复画笔工具

污点修复画笔工具可以快速移去各种小面积的污渍，如痘痘、痣、小斑点等。与修复画笔工具的区别是，污点修复画笔工具不需要定义原点，只要确定好修复图像的位置，就会在确定的修复位置边缘自动找寻相似的区域进行自动匹配。污点修复画笔工具不适用于大面积的脏污、背景比较复杂的污点、与周围环境有衔接的污点。

在工具栏中单击"修饰工具"，将其切换到"污点修复画笔工具"，或者按 Shift+J 组合键来切换，如图 8-41 所示。

图 8-41　污点修复画笔工具

污点修复画笔工具属性栏如图 8-42 所示。

图 8-42　污点修复画笔工具属性栏

近似匹配：指以单击点周围的像素为准，覆盖在单击点上从而达到修复污点的效果。

创建纹理：指在单击点创建一些相近的纹理来模拟图像信息。

对所有图层取样：勾选此复选框，然后新建图层，再进行修复，会把修复部分建在新的图层上，这样对原图像就不会产生任何影响。

【操作实例】污点修复画笔工具的使用方法（把人物脸上的污点抹除掉）。

步骤 1：打开目录"素材/模块八"下的图片"8.jpg"。

步骤 2：在工具栏中选择"污点修复画笔工具"。

步骤 3：选择模式为"正常"，类型为"近似匹配"，在需要处理的地方按住鼠标左键进行涂抹，污点就会消失了，如果觉得还有痕迹，则可以多次单击进行处理，处理前后的效果如图 8-43 和图 8-44 所示。

图 8-43　处理前的效果　　　　　　　图 8-44　处理后的效果

8.4.3 修补工具

修补工具主要用于修改有明显裂痕或污点的图像。

在工具栏中单击"修饰工具",将其切换到"修补工具",或者按 Shift+J 组合键来切换,如图 8-45 所示。

图 8-45　修补工具

修补工具属性栏如图 8-46 所示。

图 8-46　修补工具属性栏

新选区:即创建一个选区,同时只能存在一个选区。
添加到选区:即创建一个新选区,并且可以存在多个选区。
从选区减去:即创建一个新选区,并且将这个选区或与这个选区重复的区域减去。
与选区交叉:即创建一个新选区,并且只保存将被选上的选区之间的交叉部分。
源:指选区内的图像为被修改区域。选择"源"单选按钮时拉取污点选区到完好区域可以实现修补。
目标:指从源修补目标。选择为"目标"单选按钮时,选取足够盖住污点区域的选区并将其拖动到污点区域,盖住污点实现修补。
透明:勾选"透明"复选框,再移动选区,选区中的图像会和下方图像产生透明叠加。
使用图案:在未建立选区时,"使用图案"不可用。画好一个选区之后,"使用图案"被激活,首先选择一种图案,再单击"使用图案"按钮,可以把图案填充到选区中,并且会与背景产生一种融合的效果。

【操作实例】修补工具的使用方法。
步骤 1:打开目录"素材/模块八"下的图片"9.jpg"。
步骤 2:在工具栏中选择"修补工具",然后按住鼠标左键,在图中创建需要修改的区域,如图 8-47 所示。

图 8-47　创建修改区域

步骤3：选好选区后，向右拖动选区，最后会发现小狗消失了，效果如图8-48所示。

图8-48　向右拖动选区

步骤4：取消选区后的最终效果如图8-49所示。

图8-49　最终效果图

8.4.4　红眼工具

平时在使用数码相机拍摄人像时，在灯光或闪光灯的照射下会使人物照片产生红眼问题。红眼工具就是专门用来消除人物照片中的红眼问题的。

在工具栏中调出"红眼工具"，如图8-50所示，该工具属性栏如图8-51所示。

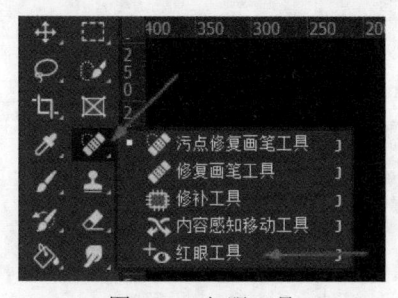

红眼工具

图8-50　红眼工具　　　　　　　　　图8-51　红眼工具属性栏

瞳孔大小：用于设置眼睛的瞳孔或中心黑色部分的比例大小。

变暗量：用于设置瞳孔的变暗量。

【操作实例】红眼工具的使用方法。

步骤1：打开目录"素材/模块八"下的图片"10.jpg"，如图8-52所示。

步骤2：在工具栏中调出"红眼工具"，并在眼睛发红的部分单击即可修复红眼，效果如图8-53所示。

图8-52　原图　　　　　　　　　　　图8-53　最终效果图

8.5　任务五　应用编辑工具

8.5.1　模糊工具

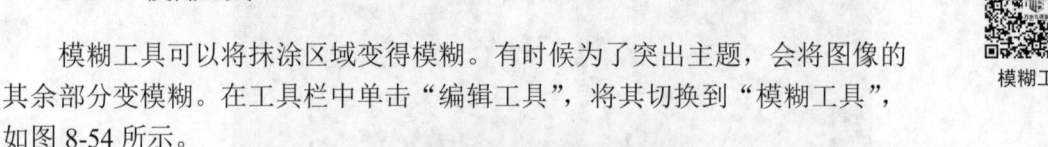

模糊工具可以将抹涂区域变得模糊。有时候为了突出主题，会将图像的其余部分变模糊。在工具栏中单击"编辑工具"，将其切换到"模糊工具"，如图8-54所示。

模糊工具

图8-54　模糊工具

模糊工具属性栏如图8-55所示。

图8-55　模糊工具属性栏

【操作实例】使用模糊工具将选中的区域变模糊。

步骤1：打开目录"素材/模块八"下的图片"11.jpg"，如图8-56所示。

步骤2：在图片上创建选区，如图8-57所示。

图8-56　打开素材

图8-57　创建选区

步骤3：使用组合键Ctrl+Shift+I反选选区，如图8-58所示。
步骤4：在工具栏中选择"模糊工具"，按住鼠标左键不放，在选区上移动光标进行涂抹，把背景模糊掉，效果如图8-59所示。

图8-58　反选选区

图8-59　效果图

8.5.2　锐化工具

锐化工具用于提高像素的对比度，使图片看上去清晰，其一般用在事物的边缘，但不可以过度锐化。

在工具栏中单击"编辑工具"，将其切换到"锐化工具"，如图8-60所示。

锐化工具

图8-60　锐化工具

锐化工具属性栏如图8-61所示。

图8-61　锐化工具属性栏

【操作实例】锐化工具的使用（将图片里面的花调得更加鲜艳一些）。

步骤1：打开目录"素材/模块八"下的图片"12.jpg"，如图8-62所示。

步骤2：在工具栏中选择"锐化工具"。

步骤3：用锐化工具将图片里面的花弄得鲜艳一些，按住鼠标左键不放，在花上移动光标，使花更加鲜艳，效果如图8-63所示。

图8-62 打开素材　　　　　　　　　图8-63 效果图

8.5.3 涂抹工具

涂抹工具类似于用手指在一幅未干的油画上划拉一样，会产生把油画的色彩混合扩展的效果。它可以用在颜色的过渡，抹均匀笔触，使画面干净整洁，提高精度，快速高效地画出毛发的质感等。

在工具栏中单击"编辑工具"，将其切换到"涂抹工具"，如图8-64所示。

涂抹工具

图8-64 涂抹工具

涂抹工具属性栏如图8-65所示。

图8-65 涂抹工具属性栏

【操作实例】涂抹工具的使用（将图片里面的猫耳朵拉长一些）。

步骤1：打开目录"素材/模块八"下的图片"13.jpg"，如图8-66所示。

步骤2：在工具栏中选择"涂抹工具"。

步骤3：按住鼠标左键，将猫耳朵向上拉动，或者将毛发弄均匀、拉长尾巴等，如图8-67所示。

图 8-66　原图 　　　　　　　　　　　　图 8-67　效果图

8.5.4　减淡、加深与海绵工具

1. 减淡工具

减淡工具是一款提亮工具，这款工具可以把图片中需要变亮或增强质感的部分颜色加亮，是给照片抛光打亮用的。

在工具栏中，右击或按住鼠标左键选择"减淡工具"，也可以通过快捷键 O 来快速选择，如图 8-68 所示。

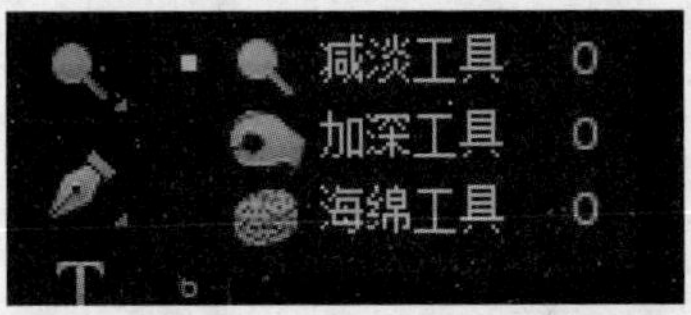

图 8-68　减淡工具

减淡工具属性栏如图 8-69 所示。

图 8-69　减淡工具属性栏

范围：选择着重减淡的范围。其中包括了阴影、中间调（默认）、高光范围。假如选中的是"高光范围"，那么就是对高光进行颜色减淡的调整。而对阴影部位的调整是没有效果的。

曝光度：减淡的强度，也可以理解成画笔工具上面的流量。

启用喷枪模式：经过设置可以启用"喷枪"功能，可将绘制模式转换为喷枪绘制模式，在此绘制的颜色可向边缘扩散。

【操作实例】减淡工具的使用（将图中光线的亮度调高）。

步骤 1：打开目录"素材/模块八"下的图片"14.jpg"，如图 8-70 所示。

步骤 2：在工具栏中选择"减淡工具"。

步骤 3：用减淡工具将图中光线的亮度调高，效果如图 8-71 所示。

图 8-70　原图

图 8-71　效果图

2．加深工具

加深工具与减淡工具的作用刚好相反，其通过降低图像的曝光度来降低图像的亮度。这款工具主要用来增加图片的暗度，加深图片的颜色，例如可以用来修复过度曝光的图片。

在工具栏中，右击，或者按住鼠标左键，选择"加深工具"，也可以通过快捷键 O 来快速选择，如图 8-72 所示。

图 8-72　加深工具

加深工具属性栏如图 8-73 所示。

图 8-73　加深工具属性栏

加深工具的使用方法与减淡工具相同，工具属性栏内的设置及功能键的使用也相同。

【操作实例】加深工具的使用。

步骤 1：打开目录"素材/模块八"下的图片"15.jpg"。
步骤 2：在工具栏中选择"加深工具"，如图 8-74 所示。
步骤 3：用加深工具将图中比较曝光的部分进行涂抹，如图 8-75 所示。

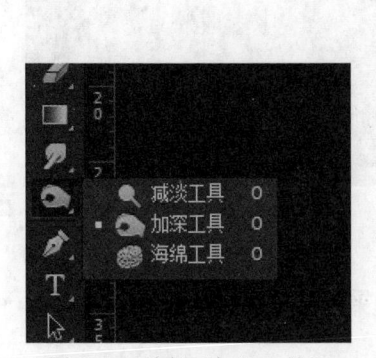

图 8-74　选择"加深工具"　　　　图 8-75　效果图

3. 海绵工具

海绵工具主要用来增加或减少图片的饱和度，在校色的时候经常用到。这款工具只会改变颜色，不会对图像造成任何损害。

在工具箱栏中右击或按住鼠标左键，选择"海绵工具"，也可以通过快捷键 O 来快速选择，如图 8-76 所示。

图 8-76　海绵工具

海绵工具属性栏如图 8-77 所示。

图 8-77　海绵工具属性栏

模式：加色和去色，降低和加深图像色彩饱和度。

流量：相当于颜料的流出速度。

自然饱和度：图像整体的明亮程度。

【操作实例】海绵工具的使用（将图中花的颜色调鲜艳一些）。

步骤 1：打开目录"素材/模块八"下的图片"16.jpg"。

步骤 2：在工具栏中选择"海绵工具"，如图 8-78 所示。

步骤 3：将海绵工具属性栏的模式调为饱和，其他属性可以默认，在要调节的地方进行抹涂后，效果如图 8-79 所示。

图 8-78　选择"海绵工具"　　　　图 8-79　效果图

8.6　任务六　应用色彩填充工具

8.6.1　油漆桶工具

油漆桶工具是一款填色工具，这款工具可以快速对选区、画布、色块等填充前景色或图案。

在工具栏中，右击或按住鼠标左键，选择"油漆桶工具"，也可以通过快捷键 G 来快速选择，如图 8-80 所示。

图 8-80　油漆桶工具

油漆桶工具属性栏如图 8-81 所示。

图 8-81　油漆桶工具属性栏

【操作实例】油漆桶工具的使用。

步骤 1：打开目录"素材/模块八"下的图片"17.jpg"。

步骤 2：在工具栏中选择"油漆桶工具"，如图 8-82 所示。

步骤 3：用快速选择工具或魔棒工具选择要填充的区域，如图 8-83 所示。

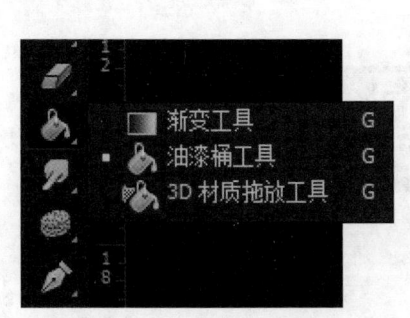

图 8-82　选择油漆桶工具

图 8-83　选择填充区域

步骤 4：在"前景色"里选择要填充的颜色，最后用油漆桶工具单击填充区域，便可完成填充，效果如图 8-84 所示。

图 8-84　油漆桶工具的填充效果

步骤 5：在用油漆桶工具填充时，也可以在其属性栏上选择图案，来对填充区域填充图案，如图 8-85 所示。填充了图案的最终效果如图 8-86 所示。

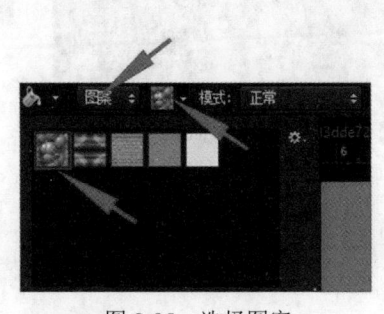

图 8-85　选择图案

图 8-86　油漆桶工具填充图案的效果

8.6.2 渐变工具

使用渐变工具填充颜色时，可以将颜色从一种颜色到另一种颜色进行变化，或者由浅到深、由深到浅变化。渐变工具可以创建多种颜色间的逐渐混合。读者可以从预设渐变填充中选取或创建自己的渐变。

在工具栏中，右击或按住鼠标左键，选择"渐变工具"，也可以通过快捷键 G 来快速选择，如图 8-87 所示。

图 8-87 渐变工具

渐变工具属性栏如图 8-88 所示。

图 8-88 渐变工具属性栏

【操作实例】渐变工具的使用。

步骤 1：新建一个 500×500 的画布，如图 8-89 所示。

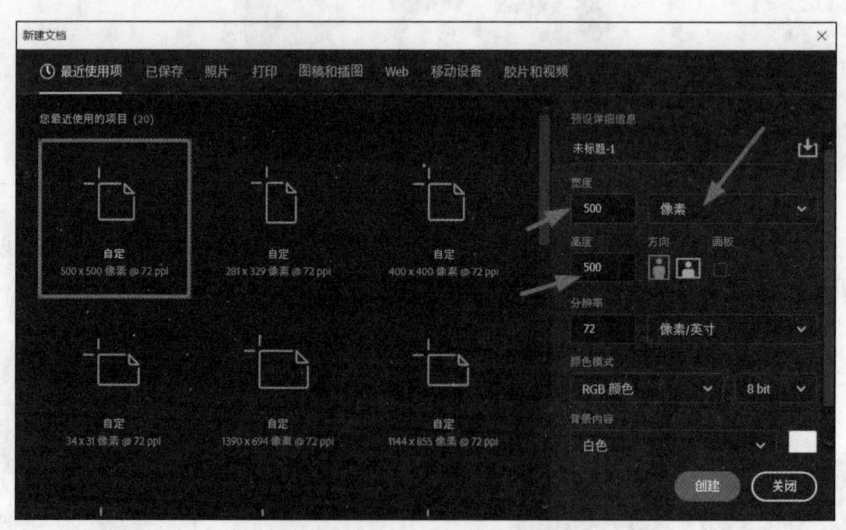

图 8-89 新建画布

步骤 2：选择工具箱里"渐变工具"，如图 8-90 所示。因为当前的前景色为红色，背景色为蓝色，所以渐变时使用的就是红蓝渐变。渐变颜色、渐变方式、类型等可以在属性栏内进行设置。

步骤3：选择一个"线性渐变"，渐变色使用红蓝渐变，按住鼠标左键拖动鼠标，在画布上画出一条直线后松开鼠标，如图8-91所示，出现了一张以红蓝色为渐变色的效果图（使用渐变工具时可以使用Shift键使画出的线条更加平直，只要在画的时候按住Shift键不松开即可）。

图8-90　选择渐变工具

图8-91　红蓝渐变

步骤4：如果不想产生红蓝渐变效果，则可以单击属性栏上的"渐变编辑器"按钮，在弹出的"渐变编辑器"窗口中可对颜色进行任意调整，如图8-92所示。

步骤5：更改渐变属性，在渐变工具属性栏上共有五种自定义的渐变填充类型："线性渐变""径向渐变""角度渐变""对称渐变"和"菱形渐变"，图8-93至图8-97所示为这五种渐变类型的效果图。

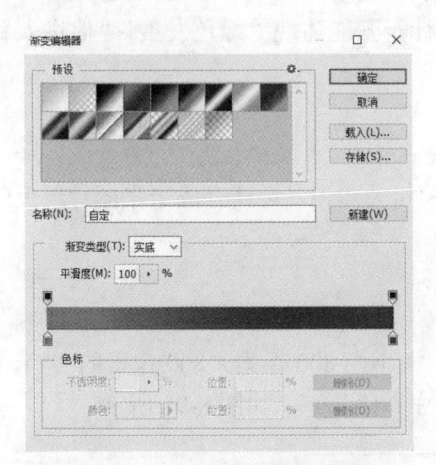

图8-92　"渐变编辑器"窗口

图8-93　线性渐变

图8-94　径向渐变

图8-95　角度渐变

图 8-96　对称渐变

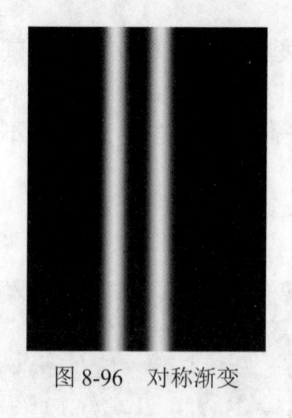

图 8-97　菱形渐变

8.7　项 目 实 训

8.7.1　情境描述

党的二十大报告指出，大自然是人类赖以生存发展的基本条件。尊重自然、顺应自然、保护自然，是全面建设社会主义现代化国家的内在要求。必须牢固树立和践行"绿水青山就是金山银山"的理念，站在人与自然和谐共生的高度谋划发展。在全面建成社会主义现代化强国的新征程上，要以更大的责任和担当，推动绿色发展，促进人与自然和谐共生。

假如你是一名广告设计师，请为某公益网站设计一张能体现"绿色发展""促进人和自然和谐共生"的宣传图片。

8.7.2　设计要求

请根据"情境描述"内容，利用所提供的素材和相关知识，设计合成一张图片以反映"绿色发展""促进人和自然和谐共生"的内涵。

8.7.3　实现过程

步骤 1：使用 Photoshop 创建一个颜色为白色、大小为 800 像素×800 像素的文档。

步骤 2：导入目录"素材/模块八"下的双手图片"18.jpg"，如图 8-98 所示。

图 8-98　置入图片

步骤 3：使用仿制图章工具去掉手上的水印，并使用橡皮擦工具擦掉两手之间的半球，操作完成后得到如图 8-99 所示的效果。

步骤 4：使用椭圆工具绘制一个黑色的实心圆，如图 8-100 所示。

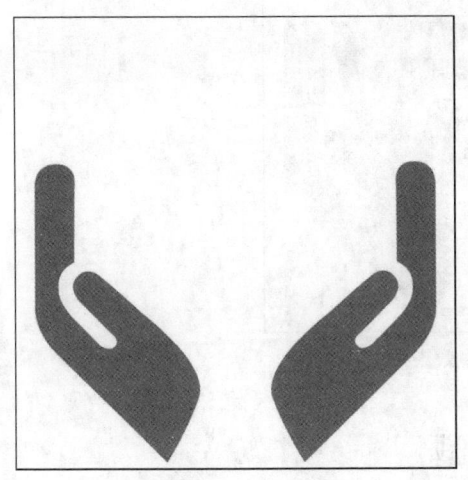

图 8-99　处理素材

图 8-100　绘制黑色实心圆

步骤 5：导入目录"素材/模块八"下的背景图片"19.jpg"，选中该图层后执行"图层"→"创建剪贴蒙版"命令，得到如图 8-101 所示的效果。

步骤 6：使用修补工具去掉图片上的日期水印，如图 8-102 所示。

图 8-101　创建剪贴蒙版

图 8-102　去掉"日期"水印

步骤 7：分析"情境描述"内容，确定以下文字内容。
（1）推动绿色发展（英文：Forests and Livelihoods）。
（2）促进人和自然和谐共生（英文：Sustaining People and Planet）。

步骤 8：使用横排文字工具分别在画布上输入步骤 7 的文字内容，然后设置其相关属性并调整到恰当的位置，此时得到如图 8-103 所示的最终效果图。

图 8-103　最终效果图

习　题

一、选择题

1. 改变图像的饱和度，可以使用（　　）工具。
    A．加深　　　　　　　　　　　B．减淡
    C．海绵　　　　　　　　　　　D．锐化
2. 在 Photoshop 中，如果想产生直线的画笔效果，则应按住（　　）键。
    A．Ctrl　　　　　　　　　　　B．Shift
    C．Alt　　　　　　　　　　　 D．Alt+Shift
3. 在 Photoshop 中，除历史画笔工具外，还有（　　）可以将图像还原到历史记录调板中图像的任何一个状态。
    A．画笔工具　　　　　　　　　B．仿制图章工具
    C．橡皮擦工具　　　　　　　　D．模糊工具
4. 在 Photoshop 中，下面有关模糊工具和锐化工具的使用描述，不正确的是（　　）。
    A．它们都可以用于对图像细节的修饰
    B．按住 Shift 键就可以在这两个工具之间切换
    C．模糊工具可降低相邻像素的对比度
    D．锐化工具可增强相邻像素的对比度
5. 在 Photoshop 中使用仿制图章工具按住（　　）并单击可以确定取样点。
    A．Alt 键　　　　　　　　　　B．Ctrl 键
    C．Shift 键　　　　　　　　　D．Alt+Shift 键
6. 在 Photoshop 中可以用来定义画笔形状的是（　　）。
    A．画笔　　　　　　　　　　　B．椭圆选框
    C．油漆桶　　　　　　　　　　D．铅笔

7. Photoshop 中在使用渐变工具创建渐变效果时,在属性栏上勾选"仿色"复选框的原因是（　　）。
   A. 模仿某种颜色
   B. 使渐变具有条状质感
   C. 用较小的带宽创建较平滑的渐变效果
   D. 使文件更小

8. Photoshop 中可以根据像素颜色的近似程度来填充颜色,并且填充前景色或连续图案的工具是（　　）。
   A. 魔术橡皮擦工具　　　　　　　B. 背景橡皮擦工具
   C. 渐变填充工具　　　　　　　　D. 油漆桶工具

9. 下列选项中,可以去除图像红眼的工具是（　　）。
   A. 橡皮擦工具　　　　　　　　　B. 背景橡皮擦工具
   C. 颜色替换工具　　　　　　　　D. 红眼消除工具

10. 在 Photoshop 中,下面有关修补工具的使用,描述正确的是（　　）。
    A. 修补工具和修复画笔工具在修补图像的同时都可以保留原图像的纹理、亮度、层次等信息
    B. 修补工具和修复画笔工具在使用时都要先按住 Alt 键来确定取样点
    C. 在使用修补工具前所确定的修补选区不能有羽化值
    D. 修补工具只能在同一幅图像上使用

二、判断题

1. 在 Photoshop 中,当绘制比较精细的图案时,可以使用标尺和网格线。　　（　　）
2. 利用仿制图章工具不可以将图像的一部分复制到同一幅图像的其他位置。　（　　）
3. 在 Photoshop 中,当使用绘图工具时,按住 Option（Mac）/Alt（Windows）键,可暂时切换到吸管工具。　　（　　）
4. 用户可以自己定义笔刷,也可以自己定义笔刷形状。　　（　　）
5. Photoshop 中使用喷笔工具可产生喷绘作用,喷出的颜色为工具栏中的背景色。
　　　　　　　　　　　　　　　　　　　　　　　　　　　　　　　　　（　　）

三、思考题

1. Photoshop 的图像修复工具有哪些?它们各有什么特点?
2. 在 Photoshop 中,画笔和铅笔有什么区别?
3. 橡皮擦工具、背景橡皮擦工具和魔术橡皮擦工具有哪些区别?
4. 模糊、锐化、涂抹工具分别有什么作用?它们应该如何使用?

拓 展 训 练

任务一：请利用所提供的素材,运用所学知识对图片进行处理,处理前和处理后的效果图分别如图 8-104 和图 8-105 所示。

图 8-104 处理前的效果图

图 8-105 处理后的效果图

  任务二：请利用所提供的素材，运用所学知识对图片进行处理，原图和效果图对比如图 8-106 所示。

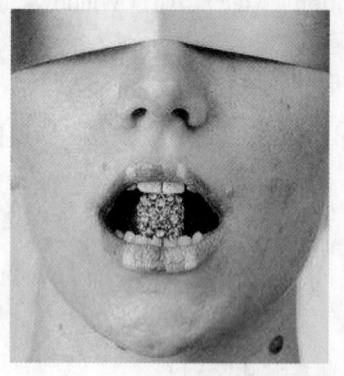

（a）原图 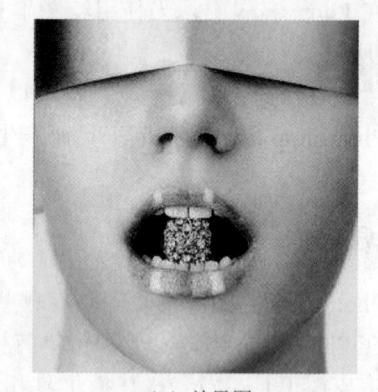   （b）效果图

图 8-106 原图和效果图对比

模块九　滤　　镜

学习目标

知识目标：

- 理解滤镜的定义及分类。
- 了解各种滤镜的用途。
- 掌握各种滤镜的使用方法。

能力目标

- 掌握滤镜的基本操作。
- 能够综合使用滤镜及其相关知识实现图像效果的需求。

素质目标（含"课程思政"目标）：

- 培养学生积极向上、奋发进取的拼搏精神，激励学生不断地突破自我。
- 培养学生的创新思维能力，提高学生的艺术素养和审美能力。
- 强化学生"细节决定成败"的工作态度，培养学生精益求精的工匠精神。

知识导图：

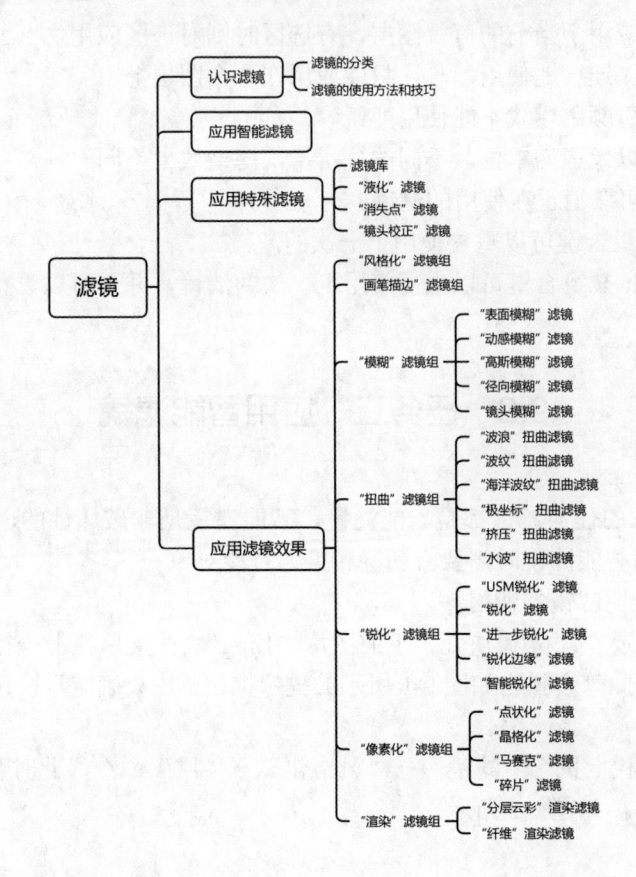

```
                    ┌─ 认识滤镜 ─┬─ 滤镜的分类
                    │            └─ 滤镜的使用方法和技巧
                    ├─ 应用智能滤镜
                    │            ┌─ 滤镜库
                    ├─ 应用特殊滤镜 ─┤─ "液化"滤镜
                    │            ├─ "消失点"滤镜
                    │            └─ "镜头校正"滤镜
                    │            ┌─ "风格化"滤镜组
                    │            ├─ "画笔描边"滤镜组
                    │            │            ┌─ "表面模糊"滤镜
                    │            │            ├─ "动感模糊"滤镜
                    │            ├─ "模糊"滤镜组 ─┼─ "高斯模糊"滤镜
                    │            │            ├─ "径向模糊"滤镜
  滤镜 ──┤           │            └─ "镜头模糊"滤镜
                    │            │            ┌─ "波浪"扭曲滤镜
                    │            │            ├─ "波纹"扭曲滤镜
                    │            ├─ "扭曲"滤镜组 ─┼─ "海洋波纹"扭曲滤镜
                    │            │            ├─ "极坐标"扭曲滤镜
                    └─ 应用滤镜效果 ┤            ├─ "挤压"扭曲滤镜
                                 │            └─ "水波"扭曲滤镜
                                 │            ┌─ "USM锐化"滤镜
                                 │            ├─ "锐化"滤镜
                                 ├─ "锐化"滤镜组 ─┼─ "进一步锐化"滤镜
                                 │            ├─ "锐化边缘"滤镜
                                 │            └─ "智能锐化"滤镜
                                 │            ┌─ "点状化"滤镜
                                 │            ├─ "晶格化"滤镜
                                 ├─ "像素化"滤镜组 ┼─ "马赛克"滤镜
                                 │            └─ "碎片"滤镜
                                 └─ "渲染"滤镜组 ┬─ "分层云彩"渲染滤镜
                                              └─ "纤维"渲染滤镜
```

9.1 任务一 认识滤镜

Photoshop 滤镜是一种图像特效处理工具，可用于实现图像特殊效果。它在 Photoshop 中具有非常神奇的作用。滤镜的操作是非常简单的，但是真正用起来却很难恰到好处。滤镜通常需要与通道、图层等联合使用，这样才能取得最佳艺术效果。如果想在最恰当的时候将滤镜应用到最适当的位置，读者除了具备一定的美术功底之外，还需具备熟练操作滤镜的能力，甚至需要具有很丰富的想象力，这样，才能有的放矢地应用滤镜，发挥出艺术才华。

9.1.1 滤镜的分类

Photoshop 中滤镜基本可以分为三个部分：内阙滤镜、内置滤镜、外挂滤镜。

（1）内阙滤镜指内阙于 Photoshop 程序的滤镜，共有 6 组 24 个滤镜。

（2）内置滤镜指 Photoshop 默认安装时，Photoshop 安装程序自动安装到 pluging 目录下的滤镜，共 12 组 72 个滤镜。

（3）外挂滤镜就是除上面两种滤镜以外，由第三方厂商为 Photoshop 所生产的滤镜，它们不仅种类齐全、品种繁多，而且功能强大，版本与种类也在不断升级与更新。

9.1.2 滤镜的使用方法和技巧

（1）滤镜只能应用于当前的可视图层，有选区时则对选区应用。
（2）可以反复、连续地使用，一次只能应用在一个图层上。
（3）位图、索引颜色模式不能使用滤镜。
（4）滤镜效果以像素为单位，不同的分辨率，滤镜效果不同。
（5）按 Esc 键可取消正在使用的滤镜。
（6）按 Ctrl+F 组合键可以重复使用上一次的滤镜。
（7）按 Ctrl+Alt+F 组合键可以重复使用上一次的滤镜，并且可以设置参数。

9.2 任务二 应用智能滤镜

应用于智能对象的任何滤镜都是智能滤镜，智能滤镜是非破坏性的，可以调整、移去或隐藏智能滤镜，应用智能滤镜时需要将图层转换为智能对象。

【操作实例】智能滤镜的使用。

步骤 1：打开目录"素材/模块九"下的图片"1.jpg"，在菜单栏上执行"滤镜"→"转换为智能滤镜"命令，此时会弹出如图 9-1 所示的提示框，单击"确定"按钮，此时图层被转换成了智能对象。

步骤 2：在菜单栏上执行"滤镜"→"风格化"→"风"命令，此时会弹出标题为"风"的滤镜参数设置窗口，如图 9-2 所示。

图 9-1　转换为智能对象

图 9-2　"风"窗口

步骤 3：参数设置好后单击"确定"按钮便能看到智能滤镜的效果，如图 9-3 所示，同时，在"图层"面板的"图层 0"下面会出现该图层滤镜应用情况，在该处可以随时开启和关闭滤镜效果，如图 9-4 所示。

图 9-3　智能滤镜效果

图 9-4　"图层 0"图层滤镜应用情况

9.3 任务三 应用特殊滤镜

9.3.1 滤镜库

"滤镜库"是整合了多个常用滤镜组的设置对话框,利用"滤镜库"可以累积应用多个滤镜或多次应用单个滤镜,还可以重新排列滤镜或更改已应用的滤镜设置。

【操作实例】"滤镜库"的快捷应用。

步骤 1:打开目录"素材/模块九"下的图片"1.jpg"。

步骤 2:在菜单栏上执行"滤镜"→"滤镜库"命令,此时将会弹出"滤镜库"面板,在该面板中选择"纹理"滤镜下的"马赛克拼贴"滤镜并设置相关参数,如图 9-5 所示。

图 9-5 滤镜设置面板

步骤 3:滤镜设置完成后,得到如图 9-6 所示的效果。

图 9-6 使用"马赛克拼贴"滤镜的效果图

注意：在使用滤镜时可以将一个或多个滤镜应用于图像，或者对于同一幅图像多次应用同一滤镜，还可以使用对话框中的其他滤镜代替原有滤镜。请读者给上述图片添加多个滤镜。

9.3.2 "液化"滤镜

"液化"滤镜是一个变形滤镜，可以对图像的任何区域进行各种各样的类似液化效果的变形，如旋转扭曲、收缩、膨胀及映射等，常用来修饰图像或创建艺术效果，更擅长局部变形，尤其是人脸修饰。

1. "液化"滤镜面板

"液化"滤镜面板左侧工具如图 9-7 所示。

图 9-7 "液化"滤镜面板左侧工具

"液化"滤镜工具介绍如下。

向前变形工具：用于向前推挤像素。

重建工具：将已变形的区域恢复原貌。

平滑工具：平滑变形效果。

顺时针旋转扭曲工具：用于顺时针旋转图像，按住 Alt 键可逆时针旋转图像。

褶皱工具：用于将像素向画笔区域的中心收缩。

膨胀工具：用于将像素向远离画笔区域中心的方向移动。

左推工具：用于将像素垂直移向绘制方向。例如，向右推时，像素朝上移动；向左推时，像素朝下移动。

冻结蒙版工具：冻结程度取决于当前画笔压力，用蒙版颜色的深浅表示。

解冻蒙版工具：右侧面板上的"蒙版选项"，可控制解冻区域范围。

脸部工具：可智能识别脸部各区域，右侧的"人脸识别液化"面板的对应部位的参数相应改变。

抓手工具：用于移动图像。

缩放工具：用于缩放图像。

2. "液化"滤镜相关工具属性

（1）画笔工具选项。画笔工具选项如图 9-8 所示。

图 9-8　画笔工具选项

大小：设置画笔的宽度。
压力：使用较小的压力，不仅有利于减慢更改速度，也有利于及时停止变形。
密度：控制画笔在边缘羽化的方式。
速率：值越大，应用扭曲的速度越快。

（2）人脸识别液化。"人脸识别液化"面板如图 9-9 所示。

图 9-9　"人脸识别液化"面板

该液化工具可以识别多人脸,选择脸部后,可调整眼睛、鼻子、嘴唇、脸部形状等,非常智能,方便实用。

【操作实例】使用"液化"滤镜修饰人脸。

步骤1:打开目录"素材/模块九"下的图片"2.jpg"。

步骤2:在菜单栏上执行菜单"滤镜"→"液化"命令,此时将会弹出"液化"面板,然后在该面板中调整人脸识别液化相关参数,眼睛和鼻子的参数如图9-10所示,嘴唇和脸部形状的参数如图9-11所示。

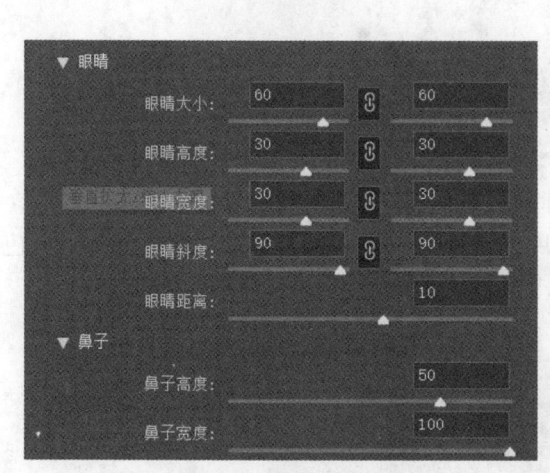

图9-10 设置眼睛和鼻子参数

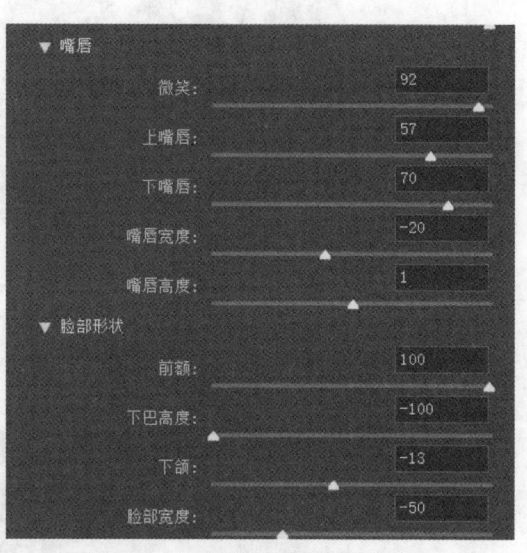

图9-11 设置嘴唇和脸部形状参数

步骤3:参数设置完成后,原图和效果图对比如图9-12所示。

图9-12 原图和效果图对比

9.3.3 "消失点"滤镜

"消失点"滤镜可用于构建一种平面的空间模型,让平面变换更加精确,主要应用于消除多余图像、空间平面变换、复杂几何贴图等场合,可以

"消失点"滤镜

在图像中指定平面，然后应用诸如绘画、仿制、复制或粘贴及变换等编辑操作。所有编辑操作都将采用所处理平面的透视。

【操作实例】利用"消失点"滤镜制作包装盒效果。

步骤 1：打开目录"素材/模块九"下的图片"3.jpg"，如图 9-13 所示。

图 9-13　素材示例

步骤 2：按 Ctrl+A 组合键选择全部图片，再按 Ctrl+C 组合键复制图片。

步骤 3：打开目录"素材/模块九"下的图片"4.png"，如图 9-14 所示，然后新建背景色为白色的图层并置于底层。

图 9-14　素材示例

步骤 4：选中包装盒图层，使用 Ctrl+J 快捷键复制图层，并隐藏该图层，如图 9-15 所示。

图 9-15　复制并隐藏图层

步骤 5：选中"图层 1"，在菜单栏上执行"滤镜"→"消失点"命令，在弹出的"消失点"滤镜面板上，使用"创建平面工具"在包装盒的侧面上绘制网格，如图 9-16 所示，再次使用"创建平面工具"将网格右侧的中间节点向右上方拖动，使网格扩展到另一个侧面，经过调整后的网格如图 9-17 所示。

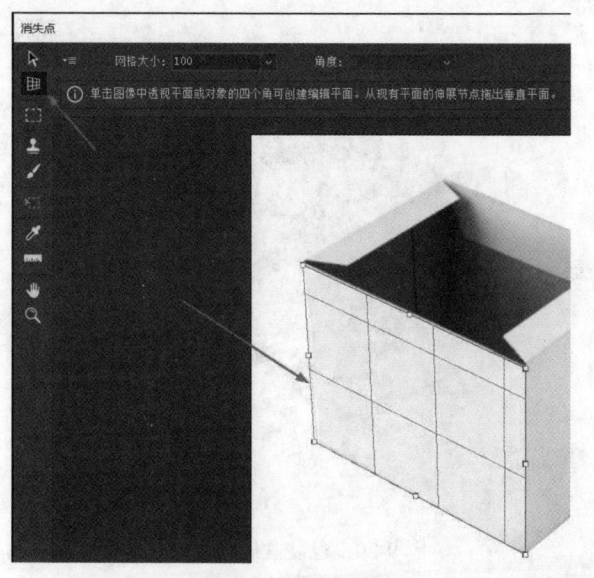

图 9-16　绘制网格　　　　　　　　图 9-17　扩展网格

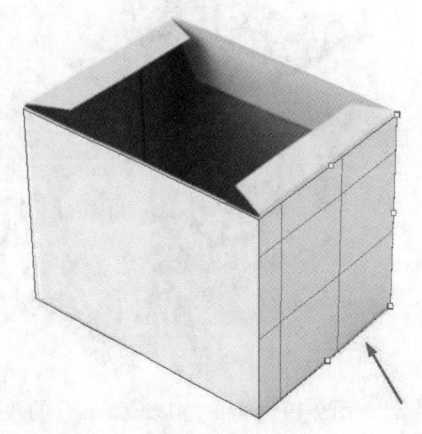

步骤 6：网格绘制完成后，按下 Ctrl+V 组合键粘贴步骤 2 所复制的图片，并使用变换工具调整图片大小，如图 9-18 所示。

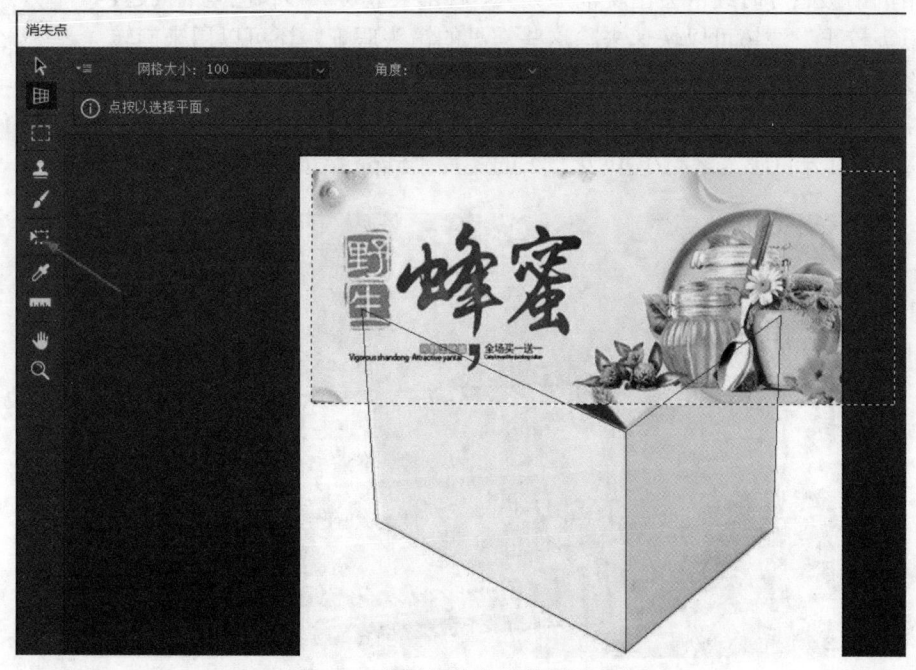

图 9-18　粘贴图片并调整图片大小

步骤7：图片大小大致调整好后，使用变换工具将粘贴的图片移动到网格位置，此时发现图片会自动沿着平面框移动，调整完成后单击"消失点"滤镜面板的"确定"按钮，得到如图9-19所示的效果。

步骤8：显示图层"图层1拷贝"，并设置该图层的混合模式为"正片叠底"，此时会发现包装盒的轮廓更加明显与逼真，如图9-20所示。

图9-19　添加"消失点滤镜"的效果　　　　　图9-20　包装盒最终效果图

9.3.4 "镜头校正"滤镜

"镜头校正"滤镜是一款非常实用的变形或失真图片的修复滤镜。在使用数码相机拍摄照片时经常会出现桶形失真、枕形失真、晕影和色差的问题，使用"镜头校正"滤镜可以快速去除这些常见的镜头瑕疵，还可以用来旋转图像或修复由于相机在垂直或水平方向的倾斜而导致的图像透视错误问题。

"镜头校正"滤镜

【操作实例】使用"镜头校正"滤镜实现塔身竖直效果。

步骤1：打开目录"素材/模块九"下的图片"5.jpg"，如图9-21所示。

图9-21　打开素材

步骤 2：使用 Ctrl+J 组合键复制一层，并在菜单栏上执行"滤镜"→"镜头校正"命令，此时将会弹出"镜头校正"滤镜面板，然后使用"拉直工具"沿塔中心纵向拉出一条直线，此时会发现塔不再是倾斜的了，照片的效果就达到镜头校正的效果，如图 9-22 所示，当然可以进行多次调整以达最佳效果。

图 9-22 使用"镜头校正"滤镜处理后的最终效果图

9.4 任务四 应用滤镜效果

9.4.1 "风格化"滤镜组

"风格化"滤镜最终营造出的是一种印象派的图像效果。"风格化"滤镜组有"查找边缘""等高线""风""浮雕效果""扩散""拼贴""曝光过度""凸出"和"照亮边缘"等滤镜，下面通过一个实例来了解"风格化"滤镜组的使用方法。

"风格化"滤镜组

【操作实例】使用"风格化"滤镜组实现图像的各种效果。

步骤 1：打开目录"素材/模块九"下的图片"6.jpg"，并使用 Ctrl+J 组合键复制图层。

步骤 2：执行菜单栏上的"滤镜"→"风格化"→"拼贴"命令，此时会弹出"拼贴"对话框，设置"拼贴"参数，如图 9-23 所示。

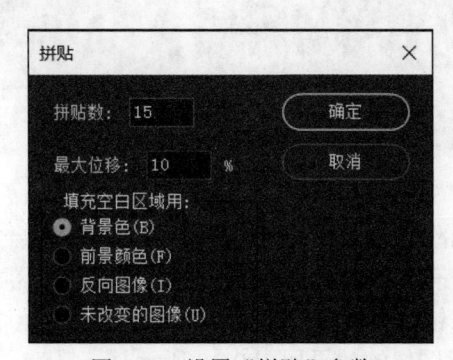

图 9-23 设置"拼贴"参数

步骤 3：设置好"拼贴"参数后，单击"确定"按钮即可看到图片拼贴的效果，如图 9-24 所示，对于"风格化"滤镜组的其他滤镜的应用，读者可以按以上的操作方法进行实践。

图 9-24 使用"拼贴"滤镜后的效果图

9.4.2 "画笔描边"滤镜组

"画笔描边"滤镜组主要模拟使用不同的画笔和油墨进行描边创造出的绘画效果，在使用该滤镜组的时候要注意，该类滤镜不能应用在 CMYK 模式和 Lab 模式。"画笔描边"滤镜组中包含"成角的线条""墨水轮廓""喷溅""喷色描边""强化的边缘""深色线条""烟灰描边""阴影线"等八种滤镜，下面通过一个实例来了解"画笔描边"滤镜组的使用方法。

【操作实例】使用"画笔描边"滤镜组实现图像效果。

步骤 1：打开目录"素材/模块九"下的图片"7.jpg"，如图 9-25 所示，并使用组合键 Ctrl+J 复制图层。

图 9-25 打开素材

步骤 2：执行菜单栏上的"滤镜"→"滤镜库"命令，打开"滤镜库"面板，如图 9-26 所示，以下通过"成角的线条"和"墨水轮廓"两个滤镜实现不同效果。

（1）"成角的线条"滤镜。直接选择"成角的线条"滤镜，并在右侧的参数面板中设置参数，如图 9-27 所示，此时图像的效果如图 9-28 所示。

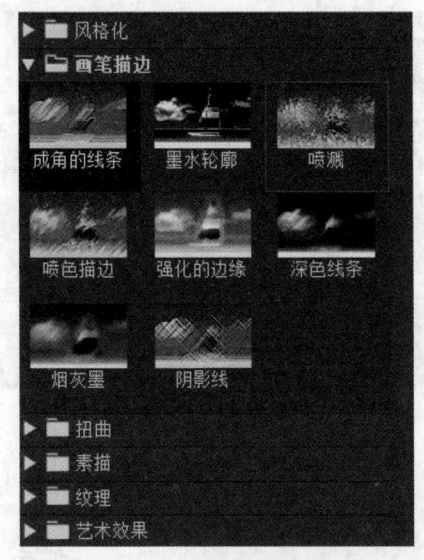

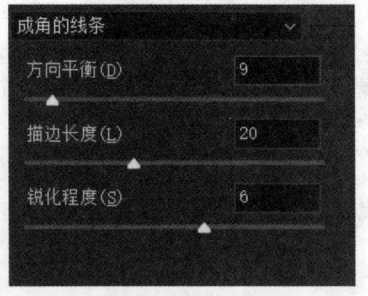

图 9-26 "滤镜库"面板　　　　　图 9-27 设置"成角的线条"参数

图 9-28 使用"成角的线条"滤镜后的效果图

下面是"成角的线条"滤镜参数说明。

方向平衡：设置生成线条的倾斜角度，取值范围为 0~100；当值为 0 时，线条从左上方向右下方倾斜；当值为 100 时，线条从右上方向左下方倾斜；当值为 50 时，两个方向的线条数量相等。

描边长度：设置生成线条的长度，值越大，线条的长度越长。取值范围为 3~50。

锐化程度：设置生成线条的清晰程度，值越大，笔画越明显。取值范围为 0~10。

（2）"墨水轮廓"滤镜。该滤镜根据图像的颜色边界，用黑色描绘其轮廓。

直接选择"墨水轮廓"滤镜，并在右侧的参数面板中设置参数，如图 9-29 所示，图像的效果如图 9-30 所示。

下面对"墨水轮廓"滤镜参数进行说明。

描边长度：设置图像中边缘斜线的长度，取值范围为 1~50。

深色强度：设置图像中暗区部分的强度，数值越小，斜线越不明显；数值越大，绘制的斜线颜色越黑，取值范围为 0~50。

图 9-29 设置"墨水轮廓"滤镜参数 　　　图 9-30 使用"墨水轮廓"滤镜后的效果图

光照强度：设置图像中明亮部分的强度，数值越小，斜线越不明显；数值越大，浅色区域亮度值越高，取值范围为 0～50。

9.4.3 "模糊"滤镜组

可以对选区或图层的图像使用"模糊"滤镜组中的滤镜，通过对图像中线条和阴影区域相邻的像素进行平均分，从而产生平滑过渡的效果，下面通过一个实例来了解"模糊"滤镜组的使用方法。

1. "表面模糊"滤镜

"表面模糊"滤镜在保留边缘的同时模糊图像。此滤镜可以用于创建特殊效果并消除图像杂色或粒度。

【操作实例】使用"模糊"滤镜组下的"表面模糊"滤镜实现选区滤镜效果。

步骤 1：打开目录"素材/模块九"下的图片"8.jpg"，并使用 Ctrl+J 组合键复制图层。

步骤 2：使用快速选择工具选中图中鸟的大致轮廓，然后使用快速蒙版创建选区的方法处理轮廓细节，最后形成选区，如图 9-31 所示。

步骤 3：使用 Ctrl+Shift+I 组合键对选区进行反选操作，此时得到的选区如图 9-32 所示。

图 9-31 创建选区 　　　图 9-32 反选选区

步骤 4：执行菜单栏上的"滤镜"→"模糊"→"表面模糊"命令，此时会弹出"表面模糊"对话框，按图 9-33 所示设置参数。

图 9-33 "表面模糊"滤镜的参数设置

步骤 5：设置好参数后，单击"确定"按钮，原图与最终效果图对比如图 9-34、图 9-35 所示。

图 9-34 原图

图 9-35 最终效果图

2. "动感模糊"滤镜

"动感模糊"滤镜是以某种方向或强度来模糊图像，使被模糊的部分产生高速运动的效果。

3. "高斯模糊"滤镜

"高斯模糊"滤镜可以模糊图像中的画面，使画面过渡得不明显。该工具是一种简单消除图像的相片颗粒和杂色的常用方法。通过调整"高斯模糊"对话框中的"半径"值可以设置模糊的范围，它以像素为单位，数值越高，模糊效果越强烈。

4. "径向模糊"滤镜

"径向模糊"滤镜用于模拟前、后移动相机或旋转相机产生的柔和模糊效果。

5. "镜头模糊"滤镜

"镜头模糊"滤镜为图像添加一种带有较窄景深的模糊效果，即图像某些区域模糊，其他区域仍清晰。

9.4.4 "扭曲"滤镜组

"扭曲"滤镜组主要用于对图像进行几何变形、创建三维图形或其他变形效果。

1. "波浪"扭曲滤镜

"波浪"扭曲滤镜可以根据用户设置的不同波长和波幅产生不同的波纹效果，在图像上创建波状起伏的图案，生成波浪效果。

【操作实例】使用"波浪"扭曲滤镜制作波浪效果。

步骤1：打开目录"素材/模块九"下的图片"9.jpg"，如图9-36所示，并使用组合键 Ctrl+J 复制图层。

图 9-36 打开素材

步骤2：执行菜单栏上的"滤镜"→"扭曲"→"波浪"命令，此时会出现"波浪"对话框，如图9-37所示。

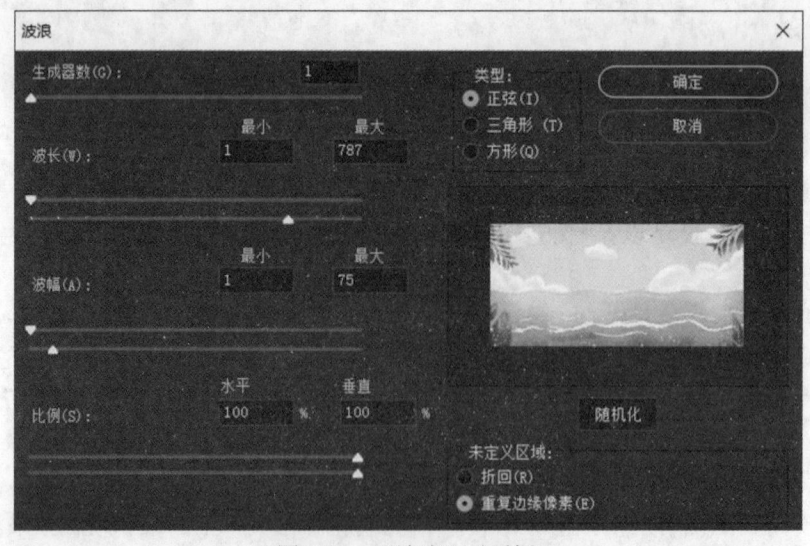

图 9-37 "波浪"对话框

步骤3：在"波浪"对话框中设置好参数后，单击"确定"按钮得到最终效果，如图9-38所示。

图 9-38　使用"波浪"扭曲滤镜后的效果图

"波浪"扭曲滤镜参数说明如下。

生成器数：设置波纹生成的数量。可以直接输入数字或拖动滑杆来修改参数，值越大，生成波纹的数量越多，取值范围为 1~999。

波长：设置相邻两个波峰之间的距离。可以分别设置最小波长和最大波长，而且最小波长不可以超过最大波长。

波幅：设置波浪的高度。可以分别设置最大波幅和最小波幅，同样最小波幅不能超过最大波幅。

比例：设置波纹在水平和垂直方向上的缩放比例。

类型：设置生成波纹的类型，包括正弦、三角形和方形三个选项。

随机化：单击此按钮可以在不改变参数的情况下，改变波浪的效果；多次单击可以生成更多的波浪效果。

2. "波纹"扭曲滤镜

"波纹"扭曲滤镜能够产生锯齿状的波纹，用于生成池塘波纹和旋转效果。"波纹"扭曲滤镜与"波浪"扭曲滤镜的工作方式相同，但提供的选项较少，只能控制波纹的数量和大小。

"波纹"扭曲滤镜

【操作实例】使用"波纹"扭曲滤镜制作波纹效果。

步骤 1：打开目录"素材/模块九"下的图片"10.jpg"，并使用 Ctrl+J 组合键复制图层。

步骤 2：使用快速选择工具在湖面上创建选区，如图 9-39 所示。

图 9-39　创建选区

步骤 3：执行菜单栏上的"滤镜"→"扭曲"→"波纹"命令，此时会弹出"波纹"对话框，并设置相关参数，如图 9-40 所示。

图 9-40　设置"波纹"扭曲滤镜的参数

步骤 4：参数设置完成后，单击"确定"按钮，此时原图与效果图对比如图 9-41、图 9-42 所示。

图 9-41　原图 　　　　　　　　　　　　　　图 9-42　效果图

3. "海洋波纹"扭曲滤镜

"海洋波纹"扭曲滤镜可以将随机分隔的波纹添加到图像表面，模拟海洋表面的波纹效果，使图像看起来好像是在水下。

下面是"海洋波纹"扭曲滤镜的参数说明。

波纹大小：设置生成波纹的大小，值越大，生成的波纹就越大，取值范围为 1～15。

波纹幅度：设置生成波纹的幅度大小，值越大，波纹的幅度就越大，取值范围为 0～20。

【操作实例】使用"海洋波纹"扭曲滤镜制作海洋波纹效果。

步骤 1：打开目录"素材/模块九"下的图片"11.jpg"，并使用 Ctrl+J 组合键复制图层。

步骤 2：执行菜单栏上的"滤镜"→"滤镜库"命令，在弹出的滤镜库面板中选择"扭曲"→"海洋波纹"，并设置"海洋波纹"滤镜参数，如图 9-43 所示。

步骤 3：设置好参数后，单击"确定"按钮，原图与效果图对比如图 9-44、图 9-45 所示。

"海洋波纹"扭曲滤镜

图 9-43 "海洋波纹"扭曲滤镜参数设置

图 9-44 原图

图 9-45 效果图

4. "极坐标"扭曲滤镜

"极坐标"扭曲滤镜沿图像坐标轴进行扭曲变形。它有两种设置：一种是将图像从平面坐标转换为极坐标；另一种是将图像从极坐标转换为平面坐标。

"极坐标"扭曲滤镜

"极坐标"扭曲滤镜的参数说明如下。

平面坐标到极坐标：可以将平面直角坐标转换为极坐标，以此来扭曲图像。

极坐标到平面坐标：可以将极坐标转换为平面直角坐标，以此来扭曲图像。

【操作实例】使用"极坐标"扭曲滤镜制作如图 9-46 所示的效果。

图 9-46 "极坐标"扭曲滤镜效果图

步骤 1：打开目录"素材/模块九"下的图片"12.jpg"，并使用 Ctrl+J 组合键复制图层。

步骤 2：执行菜单栏上的"滤镜"→"扭曲"→"极坐标"命令，此时会弹出"极坐标"对话框，在该面板上选择"平面坐标到极坐标"单选按钮，如图 9-47 所示。

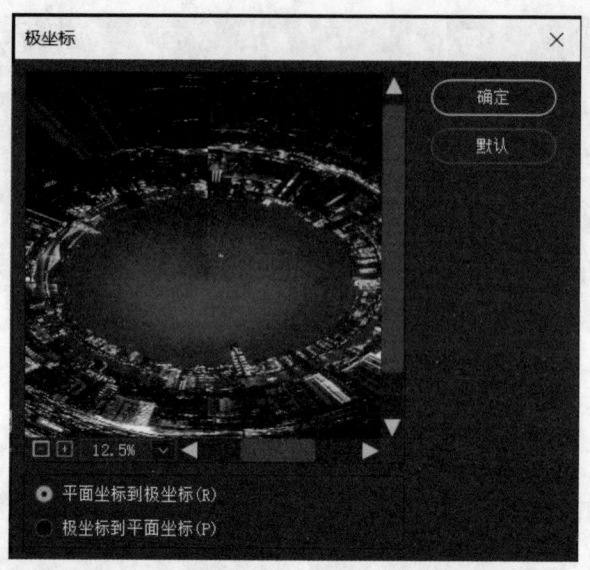

图 9-47 "极坐标"扭曲滤镜参数设置

步骤 3：设置好参数后，单击"确定"按钮，此时得到的最终效果图如图 9-46 所示。

5．"挤压"扭曲滤镜

"挤压"扭曲滤镜使选区或整幅图像产生向内或向外挤压变形的效果。

"挤压"扭曲滤镜的参数说明如下。

数量：向右拖动"数量"滑杆到大于 0 处，可以看到向内挤压的效果；向左拖动"数量"滑杆到小于 0 处，可以看到向外挤压的效果。

"挤压"扭曲滤镜

【操作实例】使用"挤压"扭曲滤镜制作如图 9-48 所示的效果。

步骤 1：打开目录"素材/模块九"下的图片"13.jpg"，如图 9-49 所示，并使用 Ctrl+J 组合键复制图层。

图 9-48　"挤压"扭曲滤镜效果图　　　　图 9-49　打开素材

步骤 2：执行菜单栏上的"滤镜"→"扭曲"→"挤压"命令，此时会弹出"挤压"对话框，在该对话框中进行参数设置，如图 9-50 所示。

步骤 3：设置好参数后，单击"确定"按钮，此时得到的最终效果图如图 9-49 所示。

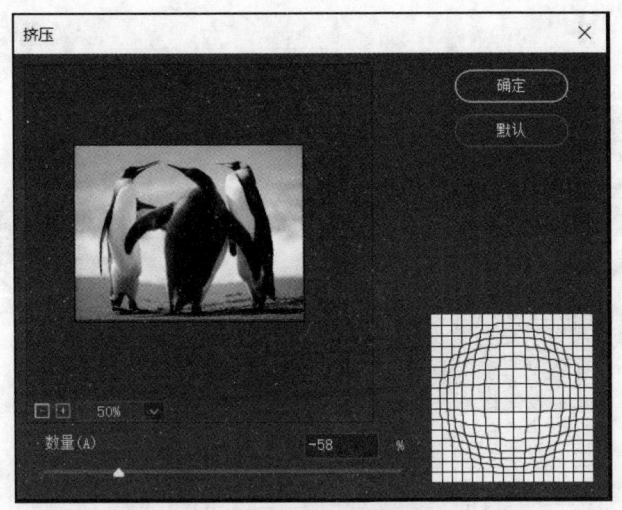

图 9-50　"挤压"扭曲滤镜参数设置

6. "水波"扭曲滤镜

"水波"扭曲滤镜可以模拟水池中的波纹，图像的产生类似于向水池中投入石子后水面的变化形态，"水波"扭曲滤镜多用来制作水的波纹。

下面是"水波"扭曲滤镜参数的说明。

数量：设置生成波纹的强度，取值范围为-100～100，当值为负时，图像中心是波峰；当值为正时，图像中心是波谷。

起伏：设置生成水波纹的数量。值越大，波纹数量越多，波纹越密。

样式：设置置换像素的方式，包括"围绕中心""从中心向外"和"水池波纹"，"围绕中心"表示沿中心旋转变形；"从中心向外"表示从中心向外置换变形；"水池波纹"表示向左上或右下置换变形图像。

【操作实例】使用"水波"扭曲滤镜制作如图 9-51 所示的效果。

图 9-51　"水波"扭曲滤镜效果图

步骤 1：打开目录"素材/模块九"下的图片"14.jpg"，使用 Ctrl+J 组合键复制图层，然后使用快速选择工具在湖面上创建选区，如图 9-52 所示。

图 9-52　创建选区

步骤 2：执行菜单栏上的"滤镜"→"扭曲"→"水波"命令，此时会弹出"水波"对话框，设置好参数后如图 9-53 所示。

图 9-53　"水波"扭曲滤镜参数设置

步骤 3：参数设置完成后，单击"确定"按钮，此时得到的最终效果图如图 9-51 所示。

9.4.5　"锐化"滤镜组

应用锐化工具可以快速聚焦模糊边缘，提高图像中某一部位的清晰度或焦距程度，使图像特定区域的色彩更加鲜明，但在应用锐化工具时，若勾选其属性栏中的"对所有图层取样"复选框，则可对所有可见图层中的图像进行锐化。在使用该工具时一定要适度，否则图片容易产生不真实的感觉。

1. "USM 锐化"滤镜

USM 锐化是一个常用的技术，简称 USM，是用来锐化图像边缘的，可以快速调整图像边缘细节的对比度，并在边缘的两侧生成一条亮线和一条暗线，使画面整体更加清晰。对于高分辨率的输出，通常锐化效果

"USM 锐化"滤镜

在屏幕上的显示比印刷出来的更明显。

下面是"USM 锐化"滤镜的参数说明。

数量：控制锐化效果的强度。

半径：指定锐化的半径。该设置决定了边缘像素周围影响锐化的像素数。图像的分辨率越高，半径设置应越大。

阈值：指相邻像素之间的比较值。该设置决定了像素的色调必须与周边区域的像素相差多少才被视为边缘像素，进而使用"USM 锐化"滤镜对其进行锐化。默认值为 0 时，将锐化图像中所有的像素。

【操作实例】使用"USM 锐化"滤镜使相对模糊的图片变清晰。

步骤 1：打开目录"素材/模块九"下的图片"15.jpg"，并使用 Ctrl+J 组合键复制图层。

步骤 2：执行菜单栏上的"滤镜"→"锐化"→"USM 锐化"命令，此时会弹出"USM 锐化"对话框，设置相关参数，如图 9-54 所示。

图 9-54 设置"USM 锐化"滤镜的相关参数

步骤 3：参数设置完成后，单击"确定"按钮，原图与效果图对比如图 9-55、图 9-56 所示。

图 9-55 原图 　　　　　　　　　图 9-56 效果图

2. "锐化"滤镜

"锐化"滤镜可以通过增加相邻像素点之间的对比，使图像更清晰，提高对比度，使画面更加鲜明，此滤镜的锐化程度较为轻微，只能产生简单的锐化效果，无详细的调节参数。

3. "进一步锐化"滤镜

"进一步锐化"滤镜可以产生强烈的锐化效果，用于提高图像的对比度和清晰度；"进一步锐化"滤镜比"锐化"滤镜具有更强的锐化效果；应用"进一步锐化"滤镜可以获得执行多次"锐化"滤镜的效果；"进一步锐化"滤镜无详细的调节参数。

4. "锐化边缘"滤镜

"锐化边缘"滤镜只锐化图像的边缘，同时保留总体的平滑度；使用此滤镜在不指定数量的情况下锐化边缘；"锐化边缘"滤镜无详细的调节参数。

5. "智能锐化"滤镜

"智能锐化"滤镜补充和扩展了"USM 锐化"滤镜，它具有"USM 锐化"滤镜所没有的锐化控制功能，可以设置锐化算法，或者控制在阴影和高光区域中的锐化量，而且能避免色晕等问题，起到使图像细节清晰的作用。对于大场景的照片，或者有虚焦的照片，还有因轻微晃动造成拍虚的照片，使用"智能锐化"滤镜都可相对提高照片的清晰度，找回图像细节。建议大家修片之前先进行图像的锐化处理，从而尽可能地减小因修片带来的画质损失。

9.4.6 "像素化"滤镜组

"像素化"滤镜组中的滤镜会将图像转换成平面色块组成的图案，并通过不同的设置达到截然不同的效果。该滤镜组中包括"彩块化""彩色半调""点状化""晶格化""马赛克""碎片"和"铜版雕刻"等七个滤镜，下面重点介绍"点状化""晶格化""马赛克""碎片"滤镜。

1. "点状化"滤镜

"点状化"滤镜将图像中的颜色分散为随机分布的网点，就像点派的绘画风格一样。使用该滤镜时，可用"单元格大小"来控制网点的大小。

【操作实例】使用"点状化"滤镜实现图像的点状化效果。

步骤 1：打开目录"素材/模块九"下的图片"16.jpg"，使用 Ctrl+J 组合键复制图层，然后在图像上创建选区，如图 9-57 所示。

步骤 2：执行菜单栏上的"滤镜"→"像素化"→"点状化"命令，此时会弹出"点状化"对话框，设置参数，如图 9-58 所示。

图 9-57　创建选区　　　　　图 9-58　"点状化"滤镜参数设置

步骤 3：设置好参数后，单击"确定"按钮，此时会看到选区产生了点状化效果，如图 9-59 所示。

步骤 4：选中复制的图层，设置图层的混合模式为"叠加"，并调整透明度为 80%，此时得到的最终效果图如图 9-60 所示。

图 9-59　点状化效果　　　　　　　　　图 9-60　最终效果图

2. "晶格化"滤镜

"晶格化"滤镜将图像中的像素结块为纯色的多边形，产生类似结晶颗粒的效果。使用该滤镜时，可用"单元格大小"来控制多边形色块的大小。

"晶格化"滤镜

【操作实例】使用"晶格化"滤镜实现图像的点状化效果。

步骤 1：打开目录"素材/模块九"下的图片"17.jpg"，并使用 Ctrl+J 组合键复制图层。

步骤 2：执行菜单栏上的"滤镜"→"像素化"→"晶格化"命令，此时会弹出"晶格化"对话框，设置参数，如图 9-61 所示。

步骤 3：设置好参数后，单击"确定"按钮完成"晶格化"滤镜效果操作，最终的效果图如图 9-62 所示。

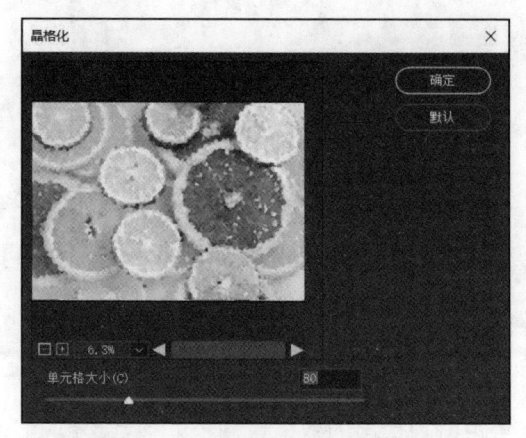

图 9-61　"晶格化"滤镜参数设置　　　　图 9-62　最终效果图

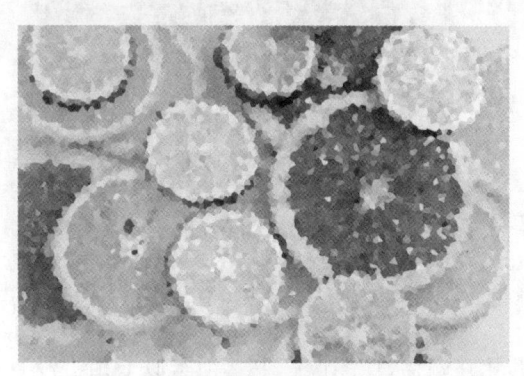

3. "马赛克"滤镜

"马赛克"滤镜用来模拟使用马赛克拼图的效果。使用该滤镜时，可用"单元格大小"来设置马赛克的大小。值越大，马赛克就越大；取值范围为 2~200。

"马赛克"滤镜

【操作实例】使用"马赛克"滤镜实现图像马赛克效果。

步骤 1：打开目录"素材/模块九"下的图片"18.jpg"，使用 Ctrl+J 组合键复制图层，然后使用快速选择工具在图像窗口中创建选区，如图 9-63 所示。

图 9-63　创建选区

步骤 2：执行菜单栏上的"滤镜"→"像素化"→"马赛克"命令，此时会出现"马赛克"对话框，设置参数，如图 9-64 所示。

步骤 3：设置好参数后单击"确定"按钮，此时得到的最终效果图如图 9-65 所示。

图 9-64　设置"马赛克"滤镜参数

图 9-65　最终效果图

4. "碎片"滤镜

"碎片"滤镜可以把图像的像素复制四次，再将它们平均分布，并使其相互偏移，使图像产生一种类似于相机没有对准焦距所拍摄出的效果模糊的照片。

"碎片"滤镜

【操作实例】使用"碎片"滤镜实现图像效果。

步骤 1：打开目录"素材/模块九"下的图片"19.jpg"，使用 Ctrl+J 组合键复制图层。

步骤 2：执行菜单栏上的"滤镜"→"像素化"→"碎片"命令，此时便完成了"碎片"滤镜效果操作，最终效果图如图 9-66 所示。

图 9-66　最终效果图

9.4.7 "渲染"滤镜组

"渲染"滤镜组用于在图像中创建云彩、折射和模拟光线等。该滤镜组中包括火焰、图片框、树、分层云彩、光照效果、镜头光晕、纤维、云彩等八种滤镜，以下仅介绍分层云彩和纤维两种滤镜的使用。

1. "分层云彩"渲染滤镜

"分层云彩"滤镜使用前景色和背景色随机产生云彩图案，但生成的云彩图案不会替换原图，而是按"差值"模式与原图混合。"分层云彩"滤镜可以将云彩数据和现有的像素混合，其方式与"差值"模式混合颜色的方式相同，第一次使用"分层云彩"滤镜时，图像的某些部分被反相为云彩图案，多次应用"分层云彩"滤镜之后，也可以创建出与大理石纹理相似的凸缘与叶脉图案。

"分层云彩"渲染滤镜

【操作实例】使用"分层云彩"滤镜实现闪电效果。

步骤 1：打开目录"素材/模块九"下的图片"20.jpg"，使用 Ctrl+J 组合键复制图层。

步骤 2：新建一个图层，使用渐变工具沿右下方填充由黑色到白色的渐变，如图 9-67 所示。

图 9-67　创建图层并填充渐变

步骤3：在菜单栏上执行"滤镜"→"渲染"→"分层云彩"命令，效果如图9-68所示。

图9-68　分层云彩效果

步骤4：使用Ctrl+I组合键对图像进行反相，效果如图9-69所示。

图9-69　反相效果

步骤5：在菜单栏上执行"图像"→"调整"→"色阶"命令，此弹出的"色阶"对话框中调整色阶参数，如图9-70所示，此时得到的效果如图9-71所示。

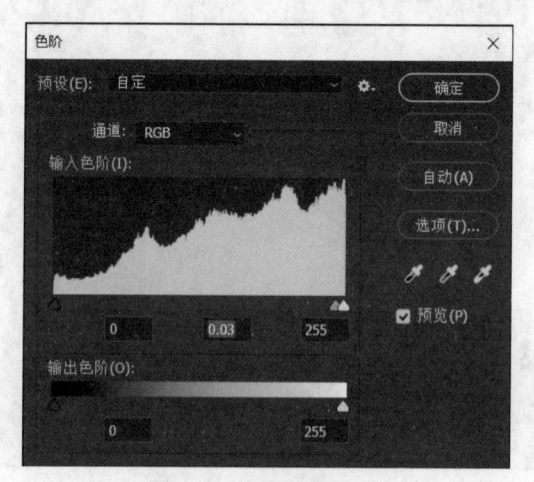

图9-70　调整色阶参数

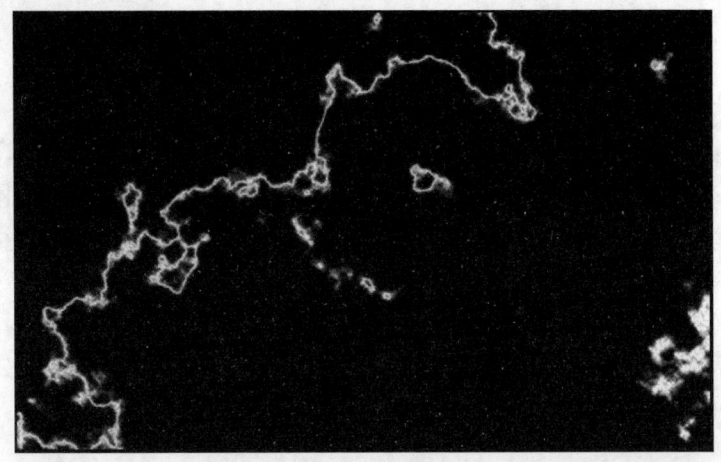

图 9-71　调整色阶参数后的效果

步骤 6：设置"分层云彩"图层的混合模式为滤色，此时得到的效果如图 9-72 所示。

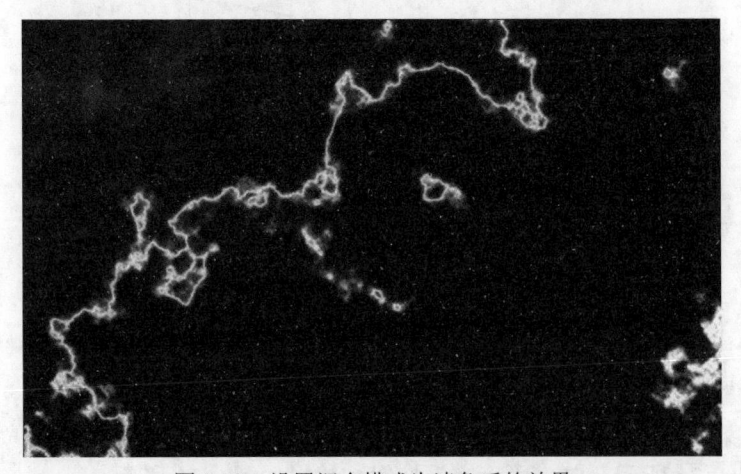

图 9-72　设置混合模式为滤色后的效果

步骤 7：使用橡皮擦工具擦除闪电，并做相关调整后得到的最终效果图如图 9-73 所示。

图 9-73　最终效果图

2. "纤维"渲染滤镜

"纤维"渲染滤镜可以将前景色和背景色进行混合处理，生成具有纤维效果的图像。

下面对"纤维"渲染滤镜的参数进行说明。

差异：设置纤维细节变化的差异程度。值越大，纤维的差异性就越大，图像越粗糙。

强度：设置纤维的对比度。值越大，生成的纤维对比度就越大，纤维纹理越清晰。

随机化：单击该按钮，可以在相同参数的设置下，随机产生不同的纤维效果。

【操作实例】使用"纤维"渲染滤镜实现木质条纹效果。

步骤1：打开目录"素材/模块九"下的图片"21.jpg"，使用 Ctrl+J 组合键复制图层。

步骤2：使用快速选择工具在图像上创建选区，如图9-74所示。

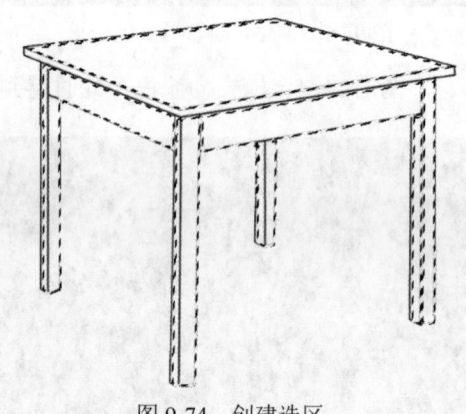

图 9-74　创建选区

步骤3：给选区填充颜色为 ec6a00。

步骤4：设置背景色为 c3a44f。

步骤5：在菜单栏上执行"滤镜"→"渲染"→"纤维"命令，此时弹出"纤维"对话框，设置参数，如图9-75所示，单击"确定"按钮，效果如图9-76所示。

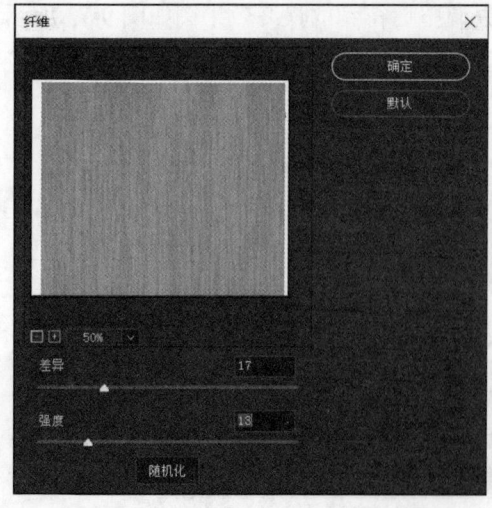

图 9-75　设置"纤维"渲染滤镜参数 　　　图 9-76　设置"纤维"渲染滤镜后的效果

步骤6：设置图层的混合模式为"正片叠底"，得到的最终效果图如图9-77所示。

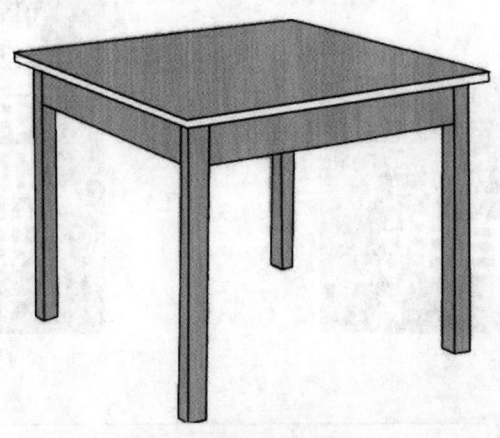

图9-77 最终效果图

9.5 项目实训

9.5.1 情境描述

一个人不能局限于自己的某一个优点，要敢于突破自己，这样才能登上人生的高峰，若自己只满足于片面，不但登不上人生之巅，甚至会被狠狠地摔下，那么怎样才能突破自我呢？突破自我，需要有非凡的远见，正如登山时，若只看脚下，怕前方是悬崖，必然畏首畏尾，若能将眼光延及整个山脉，那么你可能体会到"会当凌绝顶，一览众山小"的磅礴气象。

假如你是某销售公司的一名广告设计师，现需要为公司的门户网站的某版位设计一张以"突破自我"为主题的文字图片，来激励公司的销售人员不断开拓进取、突破自我。

9.5.2 设计要求

请根据"情境描述"内容，提取或提炼出主题词，然后根据所提供的素材，使用所学知识制作一张以"突破自我"为主题的火焰文字图片。

9.5.3 实现过程

步骤1：根据"情境描述"的内容，分析并提取主题词为"突破自我"。

步骤2：新建宽度为600像素、高度为400像素、背景色为黑色的图层。

步骤3：使用横排文字工具输入字体"突破自我"，字体为微软雅黑，颜色为白色，大小为100像素，如图9-78所示。

步骤4：选中"背景"图层和文字图层，然后使用组合键Ctrl+E合并图层。

步骤5：在菜单栏上执行"图像"→"图像旋转"→"顺时针90度"命令，此时图像的效果如图9-79所示。

步骤6：在菜单栏上执行"滤镜"→"风格化"→"风"命令，在弹出的"风"对话框中设置相关参数，如图9-80所示，设置完成后单击"确定"按钮。

图 9-78 输入文字

图 9-79 顺时针 90 度旋转图像

图 9-80 "风"滤镜参数设置

步骤 7：再重复步骤 6 的操作两次，然后在菜单栏上执行"图像"→"图像旋转"→"逆时针 90 度"命令，此时图像的效果如图 9-81 所示。

图 9-81 重复设置 3 次"风"滤镜的效果

步骤 8：在菜单栏上执行"滤镜"→"模糊"→"高斯模糊"命令，在弹出的"高斯模糊"对话框中设置半径为 1.5，设置完成后，图像的效果如图 9-82 所示。

图 9-82　设置"高斯模糊"滤镜的效果

步骤 9：在菜单栏上执行"滤镜"→"扭曲"→"波纹"命令，在弹出的"波纹"对话框中设置相关参数，如图 9-83 所示，设置完成后单击"确定"按钮。

图 9-83　"波纹"滤镜参数设置

步骤 10：在菜单栏上执行"图像"→"模式"→"灰度"命令，在弹出的提示框中单击"扔掉"按钮。

步骤 11：在菜单栏上执行"图像"→"模式"→"索引颜色"命令，在弹出的提示框中单击"确定"按钮。

步骤 12：在菜单栏上执行"图像"→"模式"→"颜色表"命令，在弹出的"颜色表"对话框的"颜色表"下拉列表框中选择"黑体"，如图 9-84 所示，单击"确定"按钮，此时会看到文字已变成火焰文字了，如图 9-85 所示。

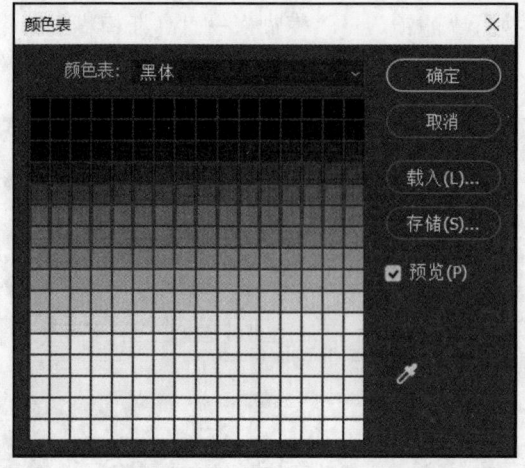

图 9-84 "颜色表"对话框

图 9-85 最终效果图

提示：将图像的模式更改为"RGB 颜色"模式，可继续对图层进行相关操作。

习　题

一、选择题

1. 下列（　　）滤镜可加载一个通道作为纹理图案。
   A．"锐化" B．"置换"
   C．"3D 变换" D．"照明效果"
2. 使用下列（　　）滤镜可使图像边缘变得柔和。
   A．"模糊" B．"加入杂质"
   C．"蒙灰与划痕" D．"照明效果"
3. 所有的滤镜都能应用于（　　）。
   A．索引 B．位图
   C．RGB 模式 D．CMYK 模式

4. 下列（　　）属于"纹理"滤镜。
   A. "塑料效果"滤镜　　　　　　B. "拼缀图"滤镜
   C. "纹理化"滤镜　　　　　　　D. "马赛克拼贴"滤镜
5. 在图像中添加光源效果的滤镜组是（　　）。
   A. 渲染　　　　　　　　　　　B. 模糊
   C. 锐化　　　　　　　　　　　D. 视频
6. 下边滤镜中不属于"扭曲"滤镜组的是（　　）。
   A. 切变　　　　　　　　　　　B. 极坐标
   C. 海洋波纹　　　　　　　　　D. 分层云彩
7. 设置太阳的辐射光线的效果，应该使用的"模糊"滤镜是（　　）。
   A. 动感模糊　　　　　　　　　B. 模糊
   C. 径向模糊　　　　　　　　　D. 平均
8. 下面对模糊工具功能的描述中，正确的是（　　）。
   A. 模糊工具只能使图像的部分边缘模糊
   B. 模糊工具的压力是不能调整的
   C. 模糊工具可降低相邻像素的对比度
   D. 如果在有图层的图像上使用模糊工具，那么只有所选的图层才会起变化
9. 滤镜可（　　）图像边缘过渡。
   A. 锐化　　　　　　　　　　　B. 模糊
   C. 强调　　　　　　　　　　　D. 投影
10. 在对一张图片做了一次"云彩"滤镜之后，可以使用（　　）组合键达到再次使用"云彩"滤镜的操作。
    A. Ctrl+F　　　　　　　　　　B. Ctrl+Alt+F
    C. Ctrl+Z　　　　　　　　　　D. Ctrl+Shift+F

二、判断题

1. "锐化"滤镜主要是增加图像中相邻像素的对比度，使图像的细节更清晰。（　　）
2. 滤镜的参数设置完全一样，不同分辨率的图像应用的效果一样。（　　）
3. 滤镜既能应用于图层，也能应用于选区。（　　）
4. 当图像是灰度模式时，所有的滤镜都不可使用（设图像是8位/通道）。（　　）
5. Photoshop中的"背景"图层不可以执行滤镜效果。（　　）
6. 如果图像是位图模式，那么Photoshop的滤镜不能对该图像产生效果。（　　）
7. 当执行某个滤镜命令后可以连续按Ctrl+G组合键，快速重复上次执行的滤镜操作。（　　）
8. 滤镜不仅可用于当前可视图层，而且对隐藏的图层也有效。（　　）

三、思考题

1. 模糊工具中的"动感模糊""径向模糊"和"高斯模糊"有什么区别？
2. 在渲染滤镜组中，"云彩"滤镜和"分层云彩"滤镜在使用上有什么区别？

拓 展 训 练

任务一： 请利用所提供的素材，运用所学知识对图片进行处理，原图和效果图分别如图 9-86 和图 9-87 所示。

图 9-86　原图 　　　　　　　　　　图 9-87　效果图

任务二： 利用所提供的素材，运用所学知识，选择合适的滤镜对人像进行磨皮，原图与效果图分别如图 9-88 和图 9-89 所示。

图 9-88　原图 　　　　　　　　　　图 9-89　效果图

任务三： 请运用所学知识制作如图 9-90 所示的色盲测试卡。

图 9-90　效果图

模块十 综合项目实战

10.1 制作公益海报

1. 项目描述

低碳意指较低的温室气体（二氧化碳为主）的排放，低碳生活可以理解为：减少二氧化碳的排放，低能量、低消耗、低开支的生活方式。低碳生活代表着更健康、更自然、更安全，返璞归真地去进行人与自然的活动。当今社会，随着人类生活发展，生活物质条件的提高，随之也对人类周围环境带来了影响与改变。对于普通人来说是一种生活态度，低碳生活既是一种生活方式，同时更是一种可持续发展的环保责任。低碳生活要求人们树立全新的生活观和消费观，减少碳排放，促进人与自然和谐发展。低碳生活是健康绿色的生活习惯，是更加时尚的消费观，是全新的生活质量观。

2. 项目分析

根据项目描述，总结形成海报上呈现的文字，具体如下。

文字 1："绿化地球从我做起"。

文字 2："关注生态"。

文字 3："低碳生活"。

文字 4："防治空气污染人人有责"。

文字 5："GREEN IS THE SOURCE OF LIFE"（翻译为中文是：绿色是生命之源）。

文字 6："节能减排　绿色出行"。

上述 6 项文字中，以文字 3 为主题设计海报。在具体的实现上，需要使用文字的输入与编辑、图像、图层、绘图与修图等知识技能。参考效果如图 10-1 所示。

图 10-1　公益海报效果

3. 制作步骤

步骤 1：新建一个宽 500 像素、高 800 像素、背景颜色为白色的画布。

步骤 2：依次置入"素材/模块十/1"下的图片"1.png""2.png""3.png"，如图 10-2 所示。

步骤 3：依次置入"素材/模块十/1"下的图片"4.png""5.png"，如图 10-3 所示。

图 10-2　置入素材效果

图 10-3　置入素材效果

步骤 4：使用横排文字工具输入文本"绿/化/地/球/从/我/做/起"，字体为"微软雅黑"，样式为"Regular"，大小为"16 像素"，消除锯齿的方法为"平滑"，字体颜色为"#006838"。效果如图 10-4 所示。

步骤 5：使用横排文字工具输入文本"关注生态"，字体为"微软雅黑"，样式为"Regular"，大小为"40 像素"，消除锯齿的方法为"平滑"，字体颜色为"#009362"，并添加投影。效果如图 10-5 所示。

图 10-4　添加文本效果

图 10-5　添加文本效果

步骤6：置入"素材/模块十/1"下的图片"6.png"，并调整图片位置后得到如图10-6所示的效果。

步骤7：使用横排文字工具输入文本"低碳生活"，字体为"微软雅黑"，样式为"Bold"，大小为"82像素"，消除锯齿的方法为"平滑"，字体颜色为"#009362"，并添加投影。效果如图10-7所示。

图10-6　置入素材效果　　　　　　图10-7　添加文本效果

步骤8：使用横排文字工具输入文本"防治空气污染人人有责"，字体为"微软雅黑"，样式为"Regular"，大小为"29像素"，消除锯齿的方法为"平滑"，字体颜色为"#009362"。效果如图10-8所示。

步骤9：使用横排文字工具输入文本"GREEN IS THE SOURCE OF LIFE"，字体为"Calibri"，样式为"Regular"，大小为"23像素"，消除锯齿的方法为"平滑"，字体颜色为"#009362"。效果如图10-9所示。

图10-8　添加文本效果　　　　　　图10-9　添加英文文本效果

步骤10：依次置入"素材/模块十/1"下的图片"7.png""8.png"，效果如图10-10所示。

步骤11：使用竖排文字工具输入文本"节能减排　绿色出行"，字体为"微软雅黑"，样式为"Light"，大小为"16像素"，消除锯齿的方法为"平滑"，字体颜色为"#009362"。效果如图10-11所示。

图10-10　置入素材效果

图10-11　添加文本效果

步骤12：使用"矩形工具"绘制矩形，无填充，描边颜色为"#a6a29e"，描边宽度为21像素，描边类型为实线。如图10-12所示。

图10-12　添加边框效果

10.2　制作汽车电商海报

1. 项目描述

海报在电子商务行业中已经成为十分常见的品牌宣传载体，线上推广、线下宣传、打折促销、新品上市等，各种活动的开展都少不了一张精美的海报。现在某品牌的新款汽车上市，作为一名电子商务广告设计师，请你为公司制作一张精美的汽车电商海报，效果如图10-13所示。

图 10-13　最终效果图

2. 项目分析

该项目需要通过各种工具的抠图操作，搭建出想要的云彩组合图案后再加入汽车图案；然后根据光源位置调整局部明暗程度，在轮胎位置增加动感气流；最后把车和云完美融合，并渲染好颜色，制作出一张精美的新款汽车产品宣传电商海报。

3. 制作步骤

步骤1：打开目录"素材/模块十/2"下的图片"3.jpg"，如图10-14所示。这里先抠出车身，并将其转换为智能对象备用，如图10-15所示。

图 10-14　打开素材

图 10-15 抠出车身

步骤 2：云朵抠图。

注意：这里所用的云朵为目录"素材/模块十/2"下的图片"2.jpg""3.jpg"和"4.jpg"，如图 10-16 至图 10-18 所示。在"红"通道里面抠出，把云和天较为明确地分离。将云朵抠出来后使用组合键 Ctrl+Shift+U 进行去色处理，备用，如图 10-19 所示（其他云朵素材抠图同理）。

图 10-16 云朵素材 1

图 10-17 云朵素材 2

图 10-18　云朵素材 3

图 10-19　云朵抠图效果

步骤 3：用曲线对那些暗部过多的云进行调亮处理，让它们白一些，然后复制、变形、放置、蒙版擦拭，构建一个环境，如图 10-20 所示。

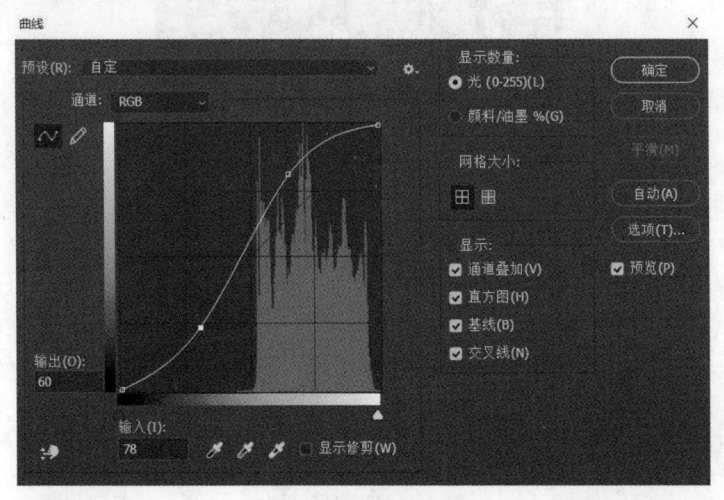

图 10-20　调亮处理

步骤 4：在最下层放一个蓝色背景来观察。这里构造的是一个左边的云层窝状，右边留白，如图 10-21 所示，要灵活地在汽车层的上、下来构建环境，让云朵和汽车发生遮挡关系。修饰蒙版的画笔用"柔焦画笔"，质地比较接近云。

图 10-21　调试蒙版

步骤 5：接下来就是调色的部分了。这里的思路是提高对比度，毕竟白色的车身显得比云朵更加白了。调色要用蒙版来控制。这里主要调节的是云朵，车身记得保护起来，如图 10-22 和图 10-23 所示。

图 10-22　调色

图 10-23　调色后的效果

10.3　制作网站首页

观看网站首页效果

1. 项目描述

链农生鲜集团有限公司（虚拟公司）是一家从事生产、加工、销售生鲜农产品的企业，为了加大公司宣传力度，公司决定投入资金建设一个极简而不失清新的公司网站。访问者通过该网站能够了解到公司概况、旗下品牌、链农模式、新闻动态、商家加盟等信息，还能够学习生鲜相关知识和查看公司联系信息，同时为了更好地向用户提供服务，网站需具有会员系统，并具有电商平台入口链接等，效果如图 10-24 所示。

图 10-24　最终效果图

2. 项目分析

根据项目描述，分析形成网站的功能结构，主要包括网站首页、关于我们、旗下品牌、链农模式、新闻中心、商家加盟、联系我们、电商平台。首页要呈现极简而不失清新的效果，因此，首页采用"工"字型布局，并通过 Tab 栏的方式输出聚焦"三农"、集团动态、生鲜学堂等信息，同时为了方便用户登录，首页需要具备会员登录入口。

通过分析，首页的布局结构图如图 10-25 所示；首页主体宽度为 1200 像素，主色调为绿色。

图 10-25 首页布局结构图

3. 制作步骤

（1）新建 Photoshop 文档。启动 Photoshop 2021，新建文件名为"链农生鲜集团有限公司网站首页"、宽度为 1400 像素、高度为 1000 像素、分辨率为 72 像素/英寸、背景为白色的文档，如图 10-26 所示。

图 10-26 新建文档

（2）新建参考线。

步骤 1：执行"视图"→"新建参考线"命令，分别新建垂直方向为 100 像素和 1300 像素的参考线，如图 10-27 至图 10-29 所示。

图 10-27　新建垂直 100 像素参考线

图 10-28　新建垂直 1300 像素参考线

图 10-29　参考线位置

步骤 2：新建水平方向的参考线，位置为 120 像素，如图 10-30 所示。

图 10-30　新建水平 120 像素参考线

（3）制作页头版位。

步骤1：制作页头Logo。使用横排文字工具分别输入文字"link 链农生鲜集团"和"为你提供一体化的生鲜链解决方案"。其中"link"字体为华文琥珀，大小为54像素，消除锯齿的方法为平滑，颜色为#ff9226；"链农生鲜集团"字体为微软雅黑，样式为Bold，大小为35像素，消除锯齿的方法为平滑，颜色为#00b200；"为你提供一体化的生鲜链解决方案"字体为微软雅黑，样式为Regular，大小为19像素，颜色#00b200。设置完成后得到如图10-31所示的效果。

图10-31 制作Logo

步骤2：制作服务热线。使用横排文字工具输入文字"呼叫链农"，字体为微软雅黑，大小为23像素，颜色为#00b200；使用横排文字工具输入文字"400-1234567-3"，字体为Calibri，字体样式为Bold，大小为30像素，颜色为#ff9326；置入"素材/模块十/3"目录下的图片"1.png"，并调整图片大小及位置。效果如图10-32所示。

图10-32 制作服务热线

（4）制作导航版位。

步骤1：制作导航栏。新建参考线，使参考线在水平170像素的位置上，如图10-33所示。

图10-33 新建参考线

步骤2：单击"矩形工具"按钮后，在属性栏上设置相关属性，类型为"形状"，填充颜色为"#00B22D"，如图10-34所示。

图 10-34 设置属性

步骤 3：在画布上绘制任意大小的矩形，如图 10-35 所示。

图 10-35 绘制矩形

步骤 4：来到属性面板把如图 10-36 所示的参数设置矩形的相关参数，设置完成后得到如图 10-37 所示的效果。

图 10-36 矩形相关参数

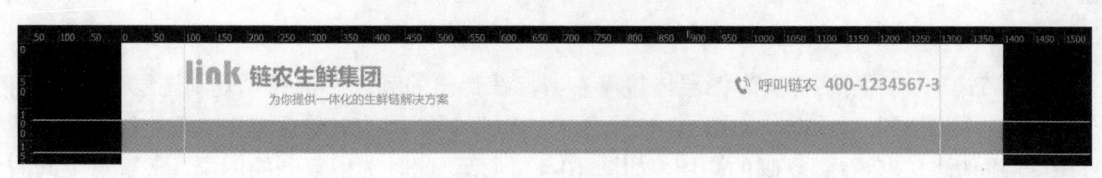

图 10-37 矩形效果

步骤 5：使用矩形工具在画布任意绘制一个矩形，然后设置该矩形的属性。矩形的宽为 150 像素、高为 50 像素、填充颜色为#ff9226，X 轴的坐标为 100 像素，Y 轴的坐标为 120 像素。效果如图 10-38 所示。

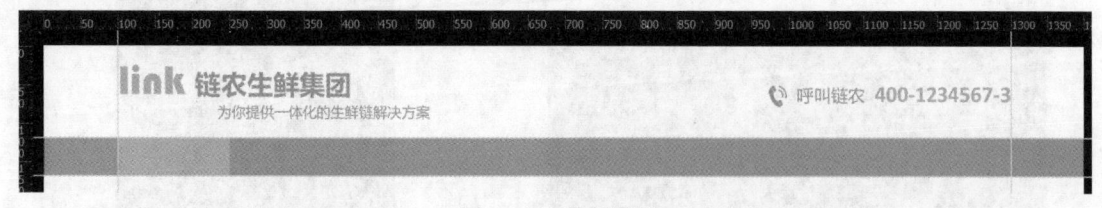

图 10-38 绘制矩形

步骤 6：使用"横排文字工具"在步骤 5 所绘制的矩形上输入文字"网站首页"，字体为微软雅黑，大小为 23 像素，颜色为白色。字体参数设置完后，选中该字体图层和步骤 5 所绘制的图层，如图 10-39 所示。然后在属性栏中单击"水平居中按钮"和"垂直居中按钮"，如图 10-40 所示。此时的效果如图 10-41 所示。

图 10-39　选中图层

图 10-40　设置文字水平居中和垂直居中

图 10-41　添加"网站首页"效果

步骤 7：选中"网站首页"图层，接着右击，在弹出的列表中选择"复制图层"，此时将会弹出"复制图层"对话框，如图 10-42 所示。编辑复制图层的名称后单击"确定"按钮，此时在图层面板中将会看到复制的图层，如图 10-43 所示。此时选中复制的图层，按键盘上向右方向键，此时该图层上的文字将会向右移动，如图 10-44 所示。双击复制图层上的文字，把"网站首页"改为"关于我们"，此时，"关于我们"菜单项制作完毕，如图 10-45 所示。（说明：通过此种方式创建图层，好处是可以保证菜单项的 Y 轴坐标不变。）

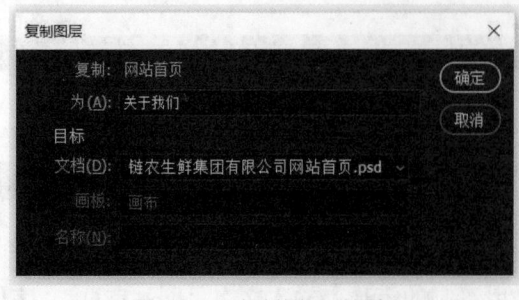

图 10-42　复制图层对话框

图 10-43　复制图层结果

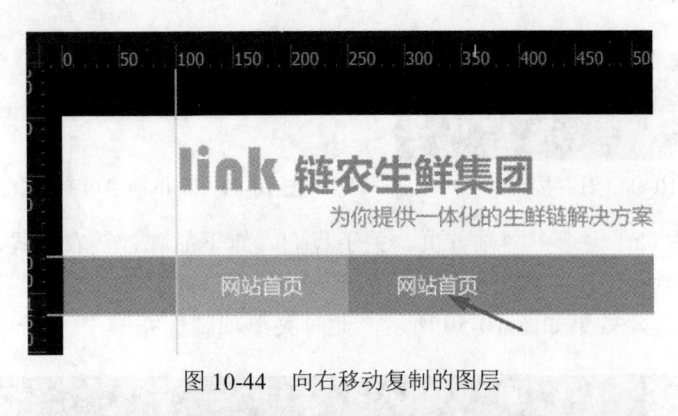

图 10-44　向右移动复制的图层

图 10-45　更改菜单项名称

步骤 8：按照步骤 7 的方法依次创建旗下品牌、链农模式、新闻中心、商家加盟、联系我们、电商平台等图层，效果如图 10-46 所示。此时，菜单项之间的距离并不一致，因此，选中步骤 5 绘制的矩形并移到右侧，使其紧贴右侧参考线，如图 10-47 所示。

图 10-46　菜单项内容

图 10-47　把步骤 5 绘制的图层移至右侧

步骤 9：在图层面板中，按住 Ctrl 键选中步骤 8 移动的图层和"电商平台"图层，接着依次单击属性栏"右对齐""水平居中对齐"按齐，如图 10-48 所示。上述操作完成后，菜单项"电商平台"将会在矩形中水平居中，如图 10-49 所示。

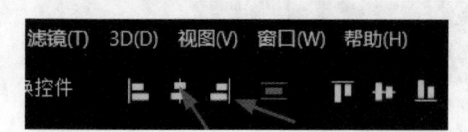

图 10-48　对齐按钮　　　　　　　图 10-49　菜单项"电商平台"水平居中效果

步骤 10：按住 Ctrl 键选中网站首页、关于我们、旗下品牌、链农模式、新闻中心、商家加盟、联系我们、电商平台等八个图层，然后单击属性栏上中"水平分布"按钮，此时菜单项之间的距离就相等了，效果如图 10-50 所示，此时菜单项制作完毕。

图 10-50　菜单项效果

（5）制作 Tab 栏版位。

步骤 1：新建参考线。分别在 200 像素、750 像素处新建水平参考线；在 850 像素处新建垂直参考线，如图 10-51 所示。

图 10-51　新建参考线

步骤 2：单击"矩形工具"按钮后，在属性栏上设置相关属性，类型为"形状"，无填充，描边颜色为"#949494"，描边宽度为 1 像素，如图 10-52 所示。接着在画布上绘制任意大小的矩形，如图 10-53 所示。

图 10-52　设置属性

图 10-53　绘制矩形

步骤 3：单击该矩形图层，并设置其属性，如图 10-54 所示，设置完成后得到如图 10-55 所示的效果。

图 10-54　设置属性

图 10-55　效果图

步骤 4：根据步骤 2 的方法在画面绘制任意大小的矩形，然后设置该矩形的属性，如图 10-56 所示，设置完成后得到如图 10-57 所示的效果。

图 10-56　设置属性

图 10-57　效果图（隐藏参考线后）

步骤 5：使用"矩形工具"绘制矩形如图 10-58 所示的矩形，矩形宽为 160 像素，高为 36 像素，填充颜色为#ff9326。

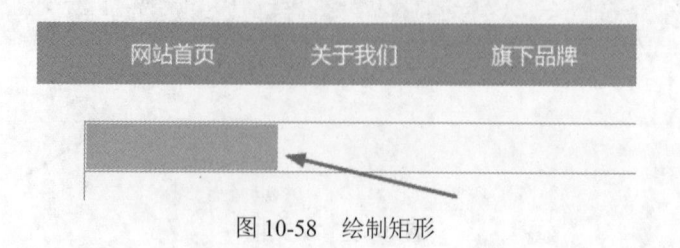

图 10-58　绘制矩形

步骤 6：使用"横排文字工具"依次输入"聚焦三农""集团动态""生鲜学堂"，字体为微软雅黑，大小为 17 像素，字体"聚焦三农"颜色为白色，字体"集团动态""生鲜集团"颜色为黑色，输入完成后调整图层位置及之间的距离，得到如图 10-59 所示的效果。

图 10-59　Tab 栏菜单

步骤 7：添加 Tab 栏的内容，字体为宋体，大小为 18 像素，字体颜色为黑色，如图 10-60 所示。

图 10-60　Tab 栏内容

（6）制作会员登录版位。

步骤 1：新建参考线。在 900 像素处新建垂直参考线。

步骤 2：制作会员登录版位边框。单击"矩形工具"按钮，在属性栏上设置相关属性，类型为"形状"，无填充，描边颜色为"#949494"，描边宽度为 1 像素。接着在画布上绘制任意大小的矩形，并设置矩形的属性，如图 10-61 所示，属性设置好后，得到如图 10-62 所示的效果。

图 10-61　设置属性

图 10-62　会员登录版位边框

步骤 3：使用横排文字工具输入"会员登录"，字体为微软雅黑，字体样式为 Bold，大小为 24 像素，字体颜色为"#00b22d"，输入完成后，如图 10-63 所示。

步骤 4：使用横排文字工具输入文本"用户名"和"密码"，字体均为微软雅黑，大小为 18 像素，字体颜色为"#2f2f2f"。然后使用"矩形工具"绘制矩形，该矩形类型为"形状"，无填充，描边颜色为"#dddddd"，描边宽度为 1 像素，宽为 255 像素，高为 40 像素。效果图如图 10-64 所示。

图 10-63　会员登录标题　　　　　图 10-64　制作用户名和密码

步骤 5：使用圆角矩形工具绘制"登录"和"注册"按钮，并使用横排文字工具在按钮上输入文字，效果图如图 10-65 所示。

步骤 6：置入"素材/模块十/3"目录下的图片"2.jpg"，并调整到合适大小及位置，得到如图 10-66 所示的效果。

图 10-65　制作"登录"和"注册"按钮　　　　图 10-66　置入图片效果

（7）制作页脚版位。

步骤 1：新建参考线。在 800 像素处新建水平参考线，并根据该参考线绘制矩形，矩形的宽为 1400 像素，高为 200 像素，填充颜色为#00b22d，无描边，X 轴坐标为 0 像素，Y 轴坐标为 800 像素。效果如图 10-67 所示。

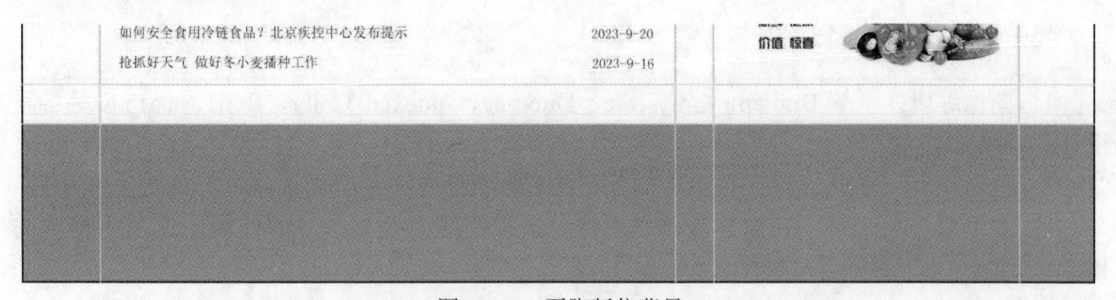

图 10-67　页脚版位背景

步骤 2：使用"横排文字工具"输入"Copyright2024 http://www.linknode.net/, All rights reserved. 版权所有：链农生鲜集团　粤 ICP 备 00000000 号　加盟热线：400-1234567-3"，字体为宋体，大小为 16 像素，字体颜色为白色，输入完成后，如图 10-68 所示。至此，项目制作完毕。

图 10-68　效果图

附录一　全国计算机信息高新技术考试图形图像处理（Photoshop 平台）图像制作员级考试考试大纲

第一单元　选区（15 分）

1．建立选区：掌握各种选择工具的使用和面板设定功能；熟悉全选、反选、颜色选取、选区修改、羽化和选区的存储与载入等选择菜单；了解 Alpha 通道与选区、蒙版的基本关系。
2．选区编辑：掌握复制、粘贴、描边、填充、变换、定义图案等；掌握选区的各种变换操作方法。掌握图像的裁切、画布调整方法。
3．效果装饰：了解物体造型、构图，能够使用立体阴影、背景等表现作品。

第二单元　绘画（15 分）

1．绘画设定：掌握画笔工具、铅笔工具、印章工具和渐变工具等绘画工具的使用方法。
2．绘画润饰：掌握大小、柔和画笔、动态画笔等各种类型画笔的设定。
3．效果处理：了解色彩、色彩理论、对比度、同类色，能够绘画简单作品。

第三单元　色调（15 分）

1．图像编辑：了解 Bitmap、Grayscale、Duotone、Indexed Color、RGB、CMYK 等各种图像色彩模式。
2．色彩调整：掌握 Adjust 菜单中的各种色彩调整命令；了解图像修饰工具的使用方法。
3．效果修饰：了解水粉画、油画、写意、素描等图画类型；了解使用色调表现意境的概念。

第四单元　绘图（10 分）

1．绘制图形：掌握各种路径和文字工具的使用方法；了解"路径"面板的使用。
2．图形编辑：掌握路径的填充、描边和转换选区等编辑方法。
3．效果修饰：了解矢量图的特点，与点阵图像的关系，计算表现特性。

第五单元　图层（15 分）

1．建立图层：掌握新建、调整、复制、剪切、删除等常用处理图层的方法。
2．图层编辑：了解图层的透明度、层信息、合并和调整；掌握图层样式、图层调整、图层蒙版和剪切组等变换方法。
3．效果装饰：了解图层的混合模式的基本功能。

第六单元 滤镜（10 分）

内置滤镜：了解 Photoshop 各类滤镜，掌握常用内置滤镜参数的设置和基本效果。

第七单元 网页（10 分）

1. 基本图形：了解各种网页按钮、切片处理、图像优化。
2. 编辑调整：掌握图像翻转，图层动画的制作；了解制作网页动画的常用方法。
3. 效果装饰：具有修饰网页的美术效果的能力。

第八单元 应用（10 分）

1. 基本编辑：以正确的文件方式导入素材文件；熟练掌握图像之间的转换方法。
2. 图像特效：综合使用 Photoshop 的各种编辑方法。
3. 效果装饰：根据作品的特点进行润色修饰；了解字体设计、广告设计、包装设计和装帧设计等实际应用的常用规则和方法。

附录二　全国计算机信息高新技术考试图形图像处理（Photoshop 平台）高级图像制作员级考试考试大纲

第一单元　选择技巧及图像编辑（15 分）

1．建立选区：精通各个选择工具和命令的使用方法，精确选取复杂形状的物体；正确建立选区的形状与组合运用。
2．修改变换：对选区进行各种变换操作，了解选区与通道的关系和转换方法。
3．编辑调整：熟练使用各个编辑命令，正确理解其内涵和组合操作；能够与其他功能综合应用。
4．效果修饰：能够与其他功能组合修饰效果图。

第二单元　绘画技法及色彩校正（10 分）

1．绘画涂抹：精通各种绘画工具的使用技巧；能够临摹美术作品，绘制卡通图画；具有描绘物体的基本能力。
2．色彩色调：掌握色彩原理和色库管理；正确对图像进行校色和色调处理。
3．编辑修饰：熟练掌握各种编辑修饰工具的使用方法及与其他功能的综合运用。
4．效果合成：掌握创意修饰图像的方法。

第三单元　绘制矢量图形（10 分）

1．绘制图形：熟练使用钢笔、形状、文字等矢量工具；掌握路径曲线的各种变换方法；具有勾画复杂图形轮廓的能力。
2．填充图形：对图形进行正确填色和变化应用。
3．编辑变换：精通与其他功能的综合应用，编辑制作图形效果；掌握图形与图像的转换和综合应用。
4．效果修饰：能够与其他功能结合绘制和修饰效果图。

第四单元　使用图层合成图像（15 分）

1．建立图层：准确建立各种图层，精通图层合成图像的各种方法。
2．图层效果：精通各种图层效果和样式的使用方法。
3．图层编辑：掌握使用图层蒙版和编组等特效命令的方法；结合色彩掌握图层调整技巧。其中，要准确理解图层混合原理。
4．效果修饰：掌握修饰图像的技巧。

第五单元　通道、蒙版和动作（15分）

1．创建通道：深入理解和使用通道。
2．通道变换：精于 Alpha 通道的使用和变换技巧；熟练使用蒙版合成图像。
3．通道应用：结合图层和滤镜等制作各种特殊效果。
4．效果修饰：结合其他功能掌握图像修饰的方法。
　　1A．创建记录：掌握创建记录的方法。
　　2A．记录编辑：熟悉调整编辑记录的内容的方法。
　　3A．应用记录：掌握动作自动批处理的技巧。

第六单元　特效滤镜（10分）

1．基础素材：掌握导入和制作素材的方法；了解滤镜的类别和功能。
2．滤镜操作：了解 KPT6、KPT7、Xenofex1.1、EyeCandy4000、AutoF/XPhoto/Edge 等外挂滤镜和 Photoshop 内置滤镜的使用方法。
3．调整选项：掌握滤镜选项的调整技巧；结合通道和图层来综合使用。

第七单元　制作 Web 网页（10分）

1．素材背景：掌握制作网页背景的方法。
2．编辑变换：熟练制作各种网页按钮。其中，应精通制作网页动画的方法。
3．效果修饰：具有修饰网页的美术效果的能力。
4．发布网页：正确制作图像映射和添加链接；掌握切片和优化网页的方法。

第八单元　综合实际应用（15分）

1．导入文件：以正确的文件格式导入素材文件。
2．文件转换：能够正确存储文件格式，并在软件之间进行转换。
3．其他软件：结合 3ds Max 软件制作立体效果；使用 Painter 软件增强 Photoshop 绘画的方法；具有与其他设计软件的综合运用能力。
4．效果输出：能够正确使用文件格式从其他软件转换回 Photoshop 软件内。
　　1A．选区变换：能够建立复杂的选区形状，进行变形处理形成物体。
　　2A．编辑造型：综合使用 Photoshop 的各种编辑技巧。
　　3A．绘画调整：对形状物体进行润色修饰，产生较强的真实效果。
　　4A．效果修饰：具有一定创意设计水平，能够制作风格独特的作品；能够独立完成整个设计流程工作。

附录三　全国高等学校计算机水平考试 Ⅱ 级 "Photoshop 图像处理与制作" 考试大纲及样题（试行）

一、考试目的与要求

"Photoshop 图像处理与制作"是一门实践性很强的技术入门课程，兼具设计性、实操性和应用性。本课程的主要任务是培养学生了解图像处理和平面设计所需的基本知识和实际技能。

本课程以讲解平面设计理念和 Photoshop 软件使用为主，旨在培养学生掌握，为进一步学习打下基础。

通过对"Photoshop 图像处理与制作"课程的学习，学生应初步掌握图像处理和平面设计所必备的知识。"Photoshop 图像处理与制作"考试大纲是为了检查学生是否具备这些技能而提出的操作技能认定要点。操作考试要求尽量与实际应用相适应。

考试的基本要求如下。

1．掌握图像处理的基本概念和基础知识。
2．掌握 Photoshop 平台的基本操作和使用方法。
3．了解图像处理的一般技巧。
4．熟练掌握图层、蒙版、选区、路径、滤镜的概念和一般操作。

注：①考试环境要求：Photoshop CS4 或其以上版本；②由于考试保密的需要，要求考试期间必须断开外网（Internet）。

二、考试内容

（一）图层

【考试要求】

掌握图层的工作原理和基本操作。

【操作考点】

熟练掌握图层的新建、复制、删除、移动、锁定、透明度调整等，通过图层的操作制作各式各样的图片。

（二）选区

【考试要求】

熟练掌握选区的概念，并灵活使用选区限定图层操作的范围。

【操作考点】

掌握使用选框工具、套索工具和魔棒工具建立选区的方法，运用选区的多种运算法则对选区进行修改和编辑，通过键盘快捷键的配合移动或复制选区内的像素。

（三）图层蒙版

【考试要求】

熟练掌握图层蒙版的建立，并使用蒙版完成图像的合成。

【操作考点】

蒙版添加的位置、添加的方法、使用蒙版调整图层透明度的方法，将多张图片转换为一个 PSD 文件中的多个图层的方法。

（四）路径

【考试要求】

熟练使用路径工具创建选区、描边和填充形状。

【操作考点】

路径的创建、运算法则，路径的修复和调整，路径的填充、描边，路径与文字工具的配合使用。

（五）滤镜

【考试要求】

了解和掌握 Photoshop 中滤镜的种类及其用途。

【操作考点】

滤镜的类别，与图层、选区、历史记录面板等工具混合使用产生各种特殊效果。

三、考试方式

机试（考试时间：105 分钟）。

考试试题题型：单选题 20 题（每题 1 分），操作题 5 题（每题 8 分），设计题 2 题（每题 20 分）。

四、教材或参考书

《Photoshop 图像处理技术》，中国铁道出版社，2006 年 7 月。ISBN: 978-7-113-07292-6。

五、考试样题

（一）单选题及参考答案

1. 下列（　　）是 Photoshop 图像最基本的组成单元。
　　A．节点　　　　　B．色彩空间　　　C．像素　　　　　D．路径
参考答案：[C]

2. 图像必须是（　　）模式，才可以转换为位图模式。
　　A．RGB　　　　　B．灰度　　　　　C．多通道　　　　D．索引颜色
参考答案：[B]

3. 索引模式的图像包含（　　）种颜色。
　　A．2　　　　　　B．256　　　　　　C．约 65000　　　D．1670 万
参考答案：[B]

4. 当将 CMKY 模式的图像转换为多通道时，产生的通道名称是（　　）。
　　A．青色、洋红和黄色

B．四个名称都是 Alpha 通道

C．四个名称为 Black（黑色）的通道

D．青色、洋红、黄色和黑色

参考答案：[D]

5．当图像是（　　）模式时，所有的滤镜都不可以使用。

　　A．CMYK　　　　B．灰度　　　　C．多通道　　　　D．索引

参考答案：[D]

6．若想增加一个图层，但是"图层"面板下面的"创建新图层"按钮是灰色不可选，原因是（　　）。

　　A．图像是 CMYK 模式　　　　B．图像是双色调模式

　　C．图像是灰度模式　　　　　　D．图像是索引模式

参考答案：[D]

7．CMYK 模式的图像有（　　）个颜色通道。

　　A．1　　　　B．2　　　　C．3　　　　D．4

参考答案：[D]

8．在 Photoshop 中允许一幅图像的显示的最大比例范围是（　　）。

　　A．100%　　　　B．200%　　　　C．600%　　　　D．1600%

参考答案：[D]

9．（　　）可以移动一条参考线。

　　A．选择移动工具拖动

　　B．无论当前使用何种工具，按住 Alt 键的同时单击

　　C．在工具栏中选择任何工具进行拖动

　　D．无论当前使用何种工具，按住 Shift 键的同时单击

参考答案：[A]

10．（　　）能以 100%的比例显示图像。

　　A．在图像上按住 Alt 键的同时单击

　　B．执行"视图"→"满画布显示"命令

　　C．双击"抓手工具"

　　D．双击"缩放工具"

参考答案：[D]

11．"自动抹除"选项是（　　）栏中的功能。

　　A．画笔工具　　　B．喷笔工具　　　C．铅笔工具　　　D．直线工具

参考答案：[C]

12．（　　）可以用仿制图章工具在图像中取样。

　　A．在取样的位置单击并拖拉

　　B．按住 Shift 键的同时单击取样位置来选择多个取样像素

　　C．按住 Alt 键的同时单击取样位置

　　D．按住 Ctrl 键的同时单击取样位置

参考答案：[C]

13. ( )选项可以将图案填充到选区内。
    A. 画笔工具　　　　　　　　B. 图案图章工具
    C. 橡皮图章工具　　　　　　D. 喷枪工具

参考答案：[B]

14. 下面对模糊工具功能的描述，正确的是（ ）。
    A. 模糊工具只能使图像的一部分边缘模糊
    B. 模糊工具的压力是不能调整的
    C. 模糊工具可降低相邻像素的对比度
    D. 如果在有图层的图像上使用模糊工具，则只有所选中的图层才会起变化

参考答案：[C]

15. 当编辑图像时，使用减淡工具可以达到（ ）的目的。
    A. 使图像中某些区域变暗　　　B. 删除图像中的某些像素
    C. 使图像中某些区域变亮　　　D. 使图像中某些区域的饱和度增加

参考答案：[C]

16. 下面（ ）可以降低图像的饱和度。
    A. 加深工具
    B. 减淡工具
    C. 海绵工具
    D. 任何一个在选项面板中有饱和度滑杆的绘图工具

参考答案：[C]

17. 下列（ ）可以选择连续的相似颜色的区域。
    A. 矩形选择工具　　　　　　B. 椭圆选择工具
    C. 魔术棒工具　　　　　　　D. 磁性套索工具

参考答案：[C]

18. 在"色彩范围"对话框中为了调整颜色的范围，应当调整（ ）数值。
    A. 反相　　　　　　　　　　B. 消除锯齿
    C. 颜色容差　　　　　　　　D. 羽化

参考答案：[C]

19. ( )的操作可以复制一个图层。
    A. 选择"编辑"→"复制"
    B. 选择"图像"→"复制"
    C. 选择"文件"→"复制图层"
    D. 将图层拖放到"图层"面板下方的"创建新图层"按钮上

参考答案：[D]

20. 字符文字可以通过（ ）命令转换为段落文字。
    A. "转化为段落文字"　　　　B. "文字"
    C. "链接图层"　　　　　　　D. "所有图层"

参考答案：[A]

（二）操作题

1．打开 old.jpg 文件，使用 Photoshop 工具栏中的工具将折痕去除（将完成作品保存成 JPG 格式）。

2．打开"图层练习.psd"文件，通过各种图层的操作制作出下列三幅 JPG 图片。

3．使用渐变工具等制作圆锥（将完成作品保存成 JPG 格式）。

4．使用 Photoshop 中的调整工具处理曝光不足的照片（将完成作品保存成 JPG 格式）。

5．将图中的黄色背景换成浅蓝色，RGB 值为(3,253,232)（将完成作品保存成 JPG 格式）。

（三）设计题

1．打开文件夹 0301，从中任选 3～5 张图片，发挥创意，设计出一张广告宣传海报。要求将每个设计元素都单独建立一个图层，使改卷老师可以看清作品大概的制作步骤，最终结果保存为 0301.jpg 和 0301.psd。

2．打开文件夹 0302，从中任选 3～5 张图片，发挥创意，设计出一个网站页面。要求将每个设计元素都单独建立一个图层，使改卷老师可以看清作品大概的制作步骤，最终结果保存为 0302.jpg 和 0302.psd。

参 考 文 献

[1] 马宗禹，姜禹，吴文静．Photoshop CS6 设计实务教程[M]．上海：上海交通大学出版社，2021．

[2] 敬伟．Photoshop 案例实战从入门到精通[M]．北京：清华大学出版社，2022．

[3] 委婉的鱼．中文版 Photoshop 2021 入门教程[M]．北京：人民邮电出版社，2021．

[4] 秋叶，朱超．Photoshop 图像处理[M]．北京：人民邮电出版社，2022．

[5] 李金明，李金蓉．中文版 Photoshop 2023 入门教程[M]．北京：人民邮电出版社，2022．

[6] 唯美世界．Photoshop 2022 技术教程[M]．北京：中国水利水电出版社，2022．

[7] 高志清．Photoshop 图像创作入门[M]．北京：中国水利水电出版社，2022．

[8] 耿晓武．Photoshop 实战应用微课视频教程[M]．北京：人民邮电出版社，2017．